"十二五"国家计算机技能型紧缺人才培养培训教材

教育部职业教育与成人教育司
全国职业教育与成人教育教学用书行业规划教材

中文版

Premiere Pro CC 实例教程

尹小港 ／ 编著

U0195265

73个基础实例 ＋ 16个综合项目 ＋ 16个课后训练 ＋ 70个视频文件

■ **专家编写**
本书由资深影视编辑人员结合多年工作经验精心编写而成

■ **灵活实用**
范例经典、项目实用，步骤清晰、内容丰富、循序渐进，实用性和指导性强

■ **光盘教学**
随书光盘包括70个视频教学文件、素材文件和范例源文件

海洋出版社
2014年·北京

内 容 简 介

本书是以基础案例讲解和综合项目应用相结合的教学方式介绍影视动画非线性编辑软件 Premiere Pro CC 的使用方法和技巧的教程。本书语言平实，内容丰富、专业，并采用了由浅入深、图文并茂的叙述方式，从最基本的技能和知识点开始，辅以大量的上机实例作为导引，帮助读者在较短时间内轻松掌握中文版 Premiere Pro CC 的基本知识与操作技能，并做到活学活用。

本书内容：全书共分为 9 章，着重介绍了影视编辑基础、素材剪辑、动画编辑、视频过渡应用、视频效果应用、音频内容编辑、颜色校正特效和影片输出设置等。最后通过经典歌曲 KTV—牡丹之歌、旅游主题宣传片—醉美四川、体育栏目片头—篮球空间 3 个影视编辑综合项目实战，全面系统地介绍了使用 Premiere Pro CC 编辑影视作品的方法和技巧。

本书特点：1. 基础案例讲解与综合项目训练紧密结合贯穿全书，边讲解边操练，学习轻松，上手容易。2.注重学生动手能力和实际应用能力培养的同时，书中还配有大量基础知识介绍和操作技巧说明，加强学生的知识积累。3. 实例典型、任务明确，由浅入深、循序渐进、系统全面，为职业院校和培训班量身打造。4. 每章后都配有练习题，利于巩固所学知识和创新。5. 书中实例收录于光盘中，采用视频讲解的方式，一目了然，学习更轻松！

适用范围：适合 Premiere 的初、中级读者阅读，既可作为高等院校影视动画相关专业课教材，也是从事影视广告设计和影视后期制作的广大从业人员必备工具书。

图书在版编目（CIP）数据

中文版 Premiere Pro CC 实例教程/尹小港编著. —北京：海洋出版社，2014.7
ISBN 978-7-5027-8886-5

Ⅰ.①中… Ⅱ.①尹… Ⅲ.①视频编辑软件—教材 Ⅳ.①TN94

中国版本图书馆 CIP 数据核字（2014）第 117866 号

总 策 划：刘 斌	发 行 部：（010）62174379（传真）（010）62132549
责任编辑：刘 斌	（010）68038093（邮购）（010）62100077
责任校对：肖新民	网 址：www.oceanpress.com.cn
责任印制：赵麟苏	承 印：北京旺都印务有限公司
排 版：海洋计算机图书输出中心 晓阳	版 次：2014 年 7 月第 1 版
出版发行：海洋出版社	2014 年 7 月第 1 次印刷
地 址：北京市海淀区大慧寺路 8 号（716 房间）	开 本：787mm×1092mm 1/16
100081	印 张：13.5
经 销：新华书店	字 数：315 千字
技术支持：（010）62100055	印 数：1～4000 册
	定 价：38.00 元（含 1DVD）

本书如有印、装质量问题可与发行部调换

前　　言

Premiere 是 Adobe 公司开发的一款功能强大的非线性视频编辑软件，以其在非线性影视编辑领域中出色的专业性能，被广泛地应用在视频内容编辑和影视特效制作领域。

本书采用全案例讲解的方式，带领读者从了解非线性编辑与专业影视编辑合成的基础知识开始，循序渐进地学习并掌握使用 Premiere Pro CC 进行视频影片编辑的完整工作流程，对各种编辑工具、视频切换、视频特效、字幕编辑、音频编辑等功能的应用，都通过直接上机进行案例编辑操作的方式进行实践。在每个软件功能部分的案例训练之后，及时安排典型的影视设计项目实例，对该部分的编辑功能进行综合应用的实践练习，使读者逐步掌握影视后期特效编辑的全部工作技能。

本书内容包括 9 章，内容介绍如下：

第 1 章：主要介绍了影视编辑的相关基础知识，通过案例操作训练，掌握在 Premiere Pro CC 中进行工作界面布局管理、新建项目和序列、导入素材和输出影片等基本操作技能。

第 2 章：主要介绍了对素材剪辑的各项编辑技能，包括导入分层图像、对素材进行设置和管理、使用编辑工具对素材剪辑进行处理等操作技能。

第 3 章：主要介绍了关键帧动画的创建与设置方法，包括关键帧动画的多种创建和编辑方法，通过案例训练，对位移动画、缩放动画、旋转动画、不透明度动画等基本动画类型进行实践学习。

第 4 章：主要介绍了视频过渡效果的应用技能，通过安排典型的案例训练，对 Premiere Pro CC 中提供的各类视频过渡效果进行操作实践学习。

第 5 章：主要介绍了视频特效的编辑应用，通过大量的案例训练，对各类视频效果中的典型特效进行操作实践的练习。

第 6 章：主要介绍了音频内容的编辑方法，包括音频持续时间和播放速率的调整、音频素材、剪辑、音频轨道的音量设置以及应用各种音频过渡效果、音频特效的操作方法。

第 7 章：主要介绍了在 Premiere Pro CC 中进行字幕内容的创建、设置与编辑的操作方法。

第 8 章：主要介绍了对影片项目进行输出的设置方法和操作流程。

第 9 章：通过卡拉 OK 音乐影片制作、旅游主题宣传片、电视栏目片头设计 3 个典型案例，对在 Premiere Pro CC 中综合应用多种编辑功能和操作技巧，进行常见影视编辑项目、商业影片项目的编辑制作进行实践，使读者可以将掌握的影视编辑技能应用在实际项目中。

本书适合作为广大对视频编辑感兴趣的初、中级读者的自学参考图书，也适合各大中专院校相关专业作为教学教材。

在本书的配套光盘中提供了本书所有实例的源文件、素材和输出文件，以及包含相关实例的多媒体教学视频，方便读者在学习中参考。

　　本书由尹小港编写，参与本书编写与整理工作的还有：余奇、杜佩颖、赵彬、陈清霞、李杰、易伟、丁楠娟、周珂令、张瑞娟、张现伟、段海朋、杨昆、李永明、何玉凤、时盈盈、许苗苗、李海燕、周玉琼、唐林、杨贤华、银霞、陈春雨、张玲、喻晓等，在此表示感谢。对于本书中的疏漏之处，敬请读者批评指正。

编　者

目　　录

第 1 章　影视编辑基础

本章重点

➤ 认识和了解影视编辑相关基础知识
➤ 启动与退出 Premiere Pro CC
➤ 熟悉 Premiere Pro CC 的工作界面
➤ 选择工作区布局
➤ 设置自定义工作区
➤ 新建项目和序列
➤ 导入外部素材
➤ 将素材加入序列
➤ 将项目文件输出成影片文件

1.1　影视编辑基础知识

从电影、电视媒体诞生以来，影视内容编辑技术就伴随着影视工业的发展不断地革新，技术越来越完善，功能效果的实现、编辑应用的操作也越来越简便。在对视频内容进行编辑的工作方式上，就经历了从线性编辑到非线性编辑的重要发展过程。

1.1.1　线性编辑

传统的线性编辑是指在摄像机、录像机、编辑机、特技机等设备上，以原始的录像带作为素材，以线性搜索的方法找到想要的视频片段，然后将所有需要的片断按照顺序录制到另一盘录像带中。在这个过程中，需要工作人员通过使用播放、暂停、录制等功能来完成基本的剪辑。如果在剪辑时出现失误，或者需要在已经编辑好的录像带上插入或删除视频片段，那么在插入点或删除点以后的所有视频片段都要重新移动一次，因此编辑操作很不方便，工作效率也很低，由于录像带是易受损的物理介质，在经过了反复地录制、剪辑、添加特效等操作后，画面质量也会变得越来越差。

1.1.2　非线性编辑

非线性编辑（Digital Non-Linear Editing，DNLE）是随着计算机图像处理技术发展而诞生的视频内容处理技术。它将传统的视频模拟信号数字化，以编辑文件对象的方式在电脑上进行操作。非线性编辑技术融入了计算机和多媒体这两个领域的前端技术，集录像、编辑、特技、动画、字幕、同步、切换、调音、播出等多种功能于一体，克服了线性编辑的缺点，提高了视频编辑的工作效率。

相对于线性编辑的制作方法，非线性编辑可以在电脑中利用数字信息进行视频、音频编辑，只需使用鼠标和键盘就可以完成视频编辑的操作，如图 1-1 所示。数字视频素材的取得主要有两种方式，一种方式是先将录像带上的片段采集下来，即把模拟信号转换为数字信号，然后存储到硬盘中再进行编辑。现在的电影、电视中很多特技效果的制作，就是采用这种方式取得数字视频，在电脑中进行特效处理后再输出影片；另一种方式是用数码视频摄像机（即通常所的 DV 摄像机）直接拍摄得到数字视频。数码摄像机通过 CCD（Charged Coupled Device，电荷耦合器）器件，将从镜头中传来的光线转换成模拟信号，再经过模拟/数字转换器，将模拟信号转换成数字信号并传送到存储单元保存起来。在拍摄完成后，只要将摄像机中的视频文件输入到电脑中即可获得数字视频素材，在专业的非线性编辑软件中就可以进行素材的剪辑、合成、添加特效以及输出等编辑操作，制作各种类型的视频影片。

　　Premiere 是 Adobe 公司开发的一款优秀的非线性视频编辑处理软件，具有强大的视频和音频内容实时编辑合成功能。它的编辑操作简便直观，同时功能丰富，因此广泛应用于家庭视频内容编辑处理、电视广告制作、片头动画编辑制作等领域，受到影视编辑从业人员和家庭用户的青睐。最新版本的 Premiere Pro CC 除了对软件功能的多个方面进行了提升以外，还带来了全新的云端处理技术，为影视项目编辑的跨网络协同合作和分享作品提供了更多的方便，如图 1-2 所示。

图 1-1　专业非线性编辑系统

图 1-2　Premiere Pro CC

1.1.3　常见基础概念

　　在使用 Premiere Pro CC 进行影视内容的编辑处理时，需要了解一些视频处理方面的概念和知识。准确理解相关概念、术语的含义，才能在后面的学习中快速理解和掌握各种视频编辑操作的实用技能。

　　1. 帧和帧速率

　　在电视、电影以及网络 Flash 影片中的动画，其实都是由一系列连续的静态图像组成，这些连续的静态图像在单位时间内以一定的速度不断地快速切换显示时，人眼所具有的视觉残像生理特性就会产生"看见了运动的画面"的"感觉"，这些单独的静态图像就称为帧。而这些静态图像在单位时间内切换显示的速度，就是帧速率（也称作"帧频"），单位为帧/秒（fps）。帧速率的数值决定了视频播放的平滑程度，帧速率越高，动画效果越顺畅；反之就会有阻塞、卡顿的现象。在使用 Premiere Pro CC 进行影视编辑时，也常常会用到查看素材帧速率、设置合成序列的帧速率以及通过改变一段视频的帧速率来实现更改素材剪辑的持续时间、加快或放慢动画播放速度的效果。

2. 电视制式

最常见的视频内容就是在电视中播放的电视节目，它们都是经过视频编辑处理后得到的。由于各个国家对电视影像制定的标准不同，其制式也有一定的区别。制式的区别主要表现在帧速率、宽高比、分辨率、信号带宽等方面。传统电影的帧速率为 24fps，在英国、中国、澳大利亚、新西兰等地区的电视制式，都是采用这个扫描速率，称之为 PAL 制式。在美国、加拿大等大部分西半球国家以及日本、韩国等地区的电视视频内容，主要采用帧速率约为 30fps（实际为 29.7fps）的 NTSC 制式。在法国和东欧、中东等地区，则采用帧速率为 25fps 的 SECAM（顺序传送彩色信号与存储恢复彩色信号）制式。

除了帧速率方面的不同，图像画面中像素的高宽比也是这些视频制式的重要区别。在 Premiere Pro CC 中进行影视项目的编辑、素材的选取、影片的输出等工作时，都要注意选择符合编辑应用需求的视频制式进行操作。

3. 压缩编码

视频压缩也称为视频编码。通过电脑或相关设备对胶片媒体中的模拟视频进行数字化后，得到的数据文件会非常大，为了节省空间和方便应用、处理，需要使用特定的方法对其进行压缩。

视频压缩主要分为有损压缩和无损压缩两种方式。无损压缩是利用数据之间的相关性，将相同或相似的数据特征归成一类数据，以减少数据量。有损压缩则是在压缩的过程中去掉一些不易被人察觉的图像或音频信息，这样既大幅度地减小了文件尺寸，也同样能够展现视频内容。不过，有损压缩中丢失的信息是不可恢复的。丢失的数据率和数据量与压缩比有关，压缩比越大，丢失的数据越多，一般解压后得到的影像效果越差。此外，某些有损压缩算法采用多次重复压缩的方式，这样还会引起额外的数据丢失。

有损压缩又分为帧内压缩和帧间压缩。帧内压缩也称为空间压缩，当压缩一帧图像时，它仅考虑本帧的数据而不考虑相邻帧之间的冗余信息。由于帧内压缩时各个帧之间没有相互关系，所以压缩后的视频数据仍可以以帧为单位进行编辑。帧内压缩一般得不到很高的压缩率。帧间压缩也称为时间压缩，是基于许多视频或动画的连续前后两帧具有很大的相关性，或者说前后两帧信息变化很小（也即连续的视频其相邻帧之间具有冗余信息）这一特性，压缩相邻帧之间的冗余量就可以进一步提高压缩量，减小压缩比，对帧图像的影响非常小，所以帧间压缩一般是无损的。帧差值算法是一种典型的时间压缩法，它通过比较本帧与相邻帧之间的差异，仅记录本帧与其相邻帧的差值，这样可以大大减少数据量。

4. SMPTE 时间码

在视频编辑中，通常用时间码来识别和记录视频数据流中的每一个帧画面，从一段视频的起始帧到终止帧，其间的每一帧都有一个唯一的时间码地址。根据动画和电视工程师协会 SMPTE（Society of Motion Picture and Television Engineers）使用的时间码标准，其格式是"小时：分钟：秒：帧"。

电影、录像和电视工业中使用不同帧速率，各有其对应的 SMPTE 标准。由于技术的原因，NTSC 制式实际使用的帧率是 29.97 帧/秒而不是 30 帧/秒，因此在时间码与实际播放时间之间有 0.1%的误差。为了解决这个误差问题，设计出丢帧格式，即在播放时每分钟要丢 2 帧（实际上是有两帧不显示，而不是从文件中删除），这样可以保证时间码与实际播放时间的一致。与丢帧格式对应的是不丢帧格式，它会忽略时间码与实际播放帧之间的误差。

提示

为了方便用户区分视频素材的制式，在对视频素材时间长度的表示上也做了区分。

非丢帧格式的 PAL 制式视频，其时间码中的分隔符号为冒号（:），例如 0:00:30:00。而丢帧格式的 NTSC 制式视频，其时间码中的分隔符号为分号（;），例如 0;00;30;00。在实际编辑工作中，可以据此快速分辨出视频素材的制式（以及画面比例等）。

5. 视频格式

使用了一种方法对视频内容进行压缩后，就需要用对应的方法对其进行解压缩来得到动画播放效果。使用的压缩方法不同，得到的视频编码格式也不同。目前视频压缩编码的方法有很多，下面来了解一下几种常用的视频文件格式。

- AVI 格式：专门为微软 Windows 环境设计的数字式视频文件格式，这种视频格式的优点是兼容性好、调用方便、图像质量好，缺点是占用空间大。
- MPEG 格式：该格式包括了 MPEG-1、MPEG-2、MPEG-4。MPEG-1 被广泛应用于 VCD 的制作和一些视频片段下载的网络上，使用 MPEG-1 的压缩算法可以将一部 120 分钟长的非视频文件的电影压缩到 1.2GB 左右。MPEG-2 则应用在 DVD 的制作方面，同时在一些 HDTV（高清晰电视广播）和一些高要求视频编辑处理上也有一定的应用空间。MPEG-4 是一种新的压缩算法，可以将一部 120 分钟长的非视频文件的电影压缩到 300MB 左右，以供网络播放。
- QuickTime 格式：苹果公司创立的一种视频格式，在图像质量和文件大小的处理上具有很好的平衡性，既可以得到清晰的画面，又可以很好地控制视频文件的大小。
- FLV 格式：随着 Flash 动画的发展而诞生的流媒体视频格式。FLV 视频文件体积小巧，同等画面质量的一段视频，其大小是普通视频文件体积的 1/3 甚至更小。同时以其画面清晰、加载速度快的流媒体特点，成为了网络中增长速度最快、应用范围最大的视频传播格式。目前几乎所有的视频门户网站都采用 FLV 格式视频，它也被越来越多的视频编辑软件支持导入和输出应用。

6. 数字音频

数字音频是一个用来表示声音振动频率强弱的数据序列，由模拟声音经采样、量化和编码后得到。数字音频的编码方式也就是数字音频格式，不同数字音频设备一般对应不同的音频格式文件。数字音频的常见格式有 WAV、MIDI、MP3、WMA 等。

- WAV 格式：微软公司开发的一种声音文件格式，也叫波形声音文件格式，是最早的数字音频格式，Windows 平台及其应用程序都支持这种格式。这种格式支持 MSADPCM、CCITT A LAW 等多种压缩算法。标准的 WAV 格式和 CD 一样，也是 44.1kHz 的采样频率，速率为 88kbit/s，16 位量化位数，因此 WAV 的音质和 CD 差不多，也是目前广为流行的声音文件格式，几乎所有的音频编辑软件都能识别 WAV 格式。
- MP3 格式：Layer-3 是 Layer-1、Layer-2 的升级版产品。与其前身相比，Layer-3 具有很高的压缩率（1∶10~1∶12），并被命名为 MP3，具有文件小、音质好的特点。
- WMA 格式：微软公司开发的用于因特网音频领域的一种音频格式。音质要强于 MP3

格式，以减少数据流量但保持音质的方法来达到比 MP3 压缩率更高的目的。WMA 的压缩率一般可以达到 1:18 左右，WMA 还支持音频流（Stream）技术，适合在线播放，更不用像 MP3 那样需要安装额外的播放器，只要安装了 Windows 操作系统就可以直接播放 WMA 音乐。

1.1.4　在 Premiere 中进行影视编辑的工作流程

在 Premiere Pro CC 中进行影视编辑的基本工作流程，包括如下工作环节：（1）确定主题，规划制作方案。（2）收集整理素材，并对素材进行适合编辑需要的处理。（3）创建影片项目，新建指定格式的合成序列。（4）导入准备好的素材文件。（5）对素材进行编辑处理。（6）在序列的时间轴窗口中编排素材的时间位置、层次关系。（7）为时间轴中的素材添加并设置过渡、特效。（8）编辑影片标题文字、字幕。（9）加入需要的音频素材，并编辑音频效果。（10）预览检查编辑好得影片效果，对需要的部分进行修改调整。（11）渲染输出影片。

1.2　熟悉 Premiere Pro CC 的工作界面

默认情况下，新建的空白序列中没有任何内容，执行"文件→打开项目"命令，在打开的对话框中，选取本书配套光盘中：实例文件\第 1 章\案例 1.2.2\Complete 目录下的"示例.prproj"文件，然后单击"打开"按钮，如图 1-3 所示。

图 1-3　Premiere Pro CC 的工作界面

1. 菜单栏

菜单栏位于 Premiere Pro CC 工作窗口的顶部、标题栏的下面，包括文件、编辑、剪辑、序列、标记、字幕、窗口和帮助 8 个菜单。

- 文件：主要包括新建、打开项目、关闭、保存文件，以及采集、导入、导出、退出等项目文件操作的基本命令。
- 编辑：主要包括还原、重做、剪切、复制、粘贴、查找等文件编辑的基本操作命令，以及定制键盘快捷方式、首选项参数设置等对编辑操作的相关应用进行设置的命令。

- 剪辑：主要用于对素材剪辑进行常用的编辑操作，例如重命名、插入、覆盖、编组以及素材播放速度、持续时间的设置等。
- 序列：主要用于在时间轴窗口中对素材片段进行编辑、管理、设置轨道属性等常用操作。
- 标记：主要包括标记入点/出点、标记素材、跳转入点/出点、清除入点/出点等针对编辑标记的命令。在没有进行时间线内容的编辑时，该菜单中的命令不可用。
- 字幕：在未开启字幕设计的编辑窗口时，字幕菜单为不可用状态。只有进行字幕设计编辑后，该菜单中的命令才可用，该菜单主要用于设置文字对象的字体、大小、位置等。
- 窗口：主要用于控制工作界面中各个窗口或面板的显示，以及切换和管理工作区布局。
- 帮助：通过帮助菜单，可以打开软件的帮助系统，获得需要的帮助信息。

在打开的菜单列表中，在命令后面带有省略号（...）的，表示执行该命令后，将会打开对应的设置对话框，进行对应的进一步设置。在编辑过程中，按下与各命令行末尾显示的对应快捷键，即可快速执行该编辑命令，如图 1-4 所示。

图 1-4　命令菜单

2. 项目窗口

项目窗口用于存放创建的序列、素材和导入的外部素材，可以对素材片段进行查看属性、插入到序列、组织管理等操作，如图 1-5 所示。

图 1-5　项目窗口

- 素材预览区：该选项区主要用于显示所选素材的相关信息。默认情况下，项目窗口没有显示出素材预览区，需要单击面板右上角的█按钮，在弹出的菜单中选择"预览区域"选项即可显示，如图 1-6 所示。
- █ 列表视图：单击该按钮，可以将项目窗口中的素材目录以列表形式显示。

预览区域

图 1-6 选择"预览区域"选项

-  图标视图：单击该按钮，可以将项目窗口中的素材目录以图标形式显示。
- 　　　　　　　　　（缩放控制栏）：单击"缩小"按钮　或"放大"按钮　，或向左/向右拖动中间的滑块，可以将素材图标缩小或放大显示。
- 　 排序图标：在图标显示模式状态，单击该按钮，在弹出的菜单中选择相应的选项，可以将素材按对应的顺序进行排序。
- 　（自动匹配序列）：在项目窗口中选取要加入到序列中的一个或多个素材对象时，执行此命令，在打开的"序列自动化"对话框中设置需要的选项，可以将所选对象全部加入到目前打开的工作序列中所选轨道对应的位置，如图 1-7 所示。
- 　（新建素材箱）：在项目窗口中新建一个素材文件夹，一个素材箱中可以放置多个素材、序列或素材箱，也可以在其中执行导入素材等操作。用于在使用大量素材的编辑项目中，对素材剪辑进行规范的分类管理，如图 1-8 所示。

图 1-7 "序列自动化"对话框

图 1-8 新建的素材箱

- 　（查找）：单击该按钮，将打开"查找"对话框，如图 1-9 所示，在其中可以设置相关选项或输入需要查找的对象相关信息，在项目窗口中进行搜索。

图 1-9 "查找"对话框

- █ (清除)：单击该按钮，可以从项目窗口中清除选中的素材，但不会删除电脑中的源文件。

3. 源监视器窗口

源监视器窗口用于查看或播放预览素材的原始内容，以方便观察对素材进行效果编辑前后的对比变化。可以直接将项目窗口中的素材拖到源监视器窗口中，或双击已加入到时间轴窗口中的素材，将该素材在源监视器窗口中显示，如图 1-10 所示。

4. 节目监视器窗口

通过节目监视器窗口可以对合成序列的编辑效果进行实时预览，也可以在窗口中对相应的素材进行移动、变形、缩放等操作，如图 1-11 所示。

图 1-10 显示素材

图 1-11 节目监视器窗口

- █ (添加标记)：单击该按钮，可以在时间标尺的上方添加标记，除了可以用于快速定位时间指针外，还可以为影片序列在该时间位置编辑注释信息或章节标记，方便为其他协同工作的人员或以后打开影片项目时，了解当时的编辑意图或注意事项，以及添加用于制作 DVD 影碟时的章节播放节点，如图 1-12 所示。
- █ (标记入点)：单击该按钮，可以将时间标尺所在的位置标记为素材的入点。
- █ (标记出点)：单击该按钮，可以将时间标尺所在的位置标记为素材的出点。
- █ (转到入点)：单击该按钮，可以跳转到入点。
- █ (逐帧后退)：每单击该按钮一次，即可将素材后退一帧。
- █ (播放-停止切换)：单击该按钮，可以播放所选的素材，再次单击该按钮，则会停止播放。
- █ (逐帧前进)：每单击该按钮一次，即可将素材前进一帧。
- █ (转到出点)：单击该按钮，可以跳转到出点。
- █ (插入)：每单击该按钮一次，可以在时间轴窗口的时间轴后面插入源素材一次。
- █ (覆盖)：每单击该按钮一次，可以在时间轴窗口的时间轴后面插入源素材一次，并覆盖时间轴上原有的素材。
- █ (提升)：单击该按钮，可以将在播放窗口中标注的素材从时间轴窗口中提出，其他素材的位置不变。
- █ (提取)：单击该按钮，可以将在播放窗口中标注的素材从时间轴窗口中提取，后面的素材位置自动向前对齐填补间隙。

-  （按钮编辑器）：单击该按钮，将弹出"按钮编辑器"面板，如图 1-13 所示，在该面板中可以重新布局监视器窗口中的按钮。

图 1-12　添加的标记　　　　　　　　　　图 1-13　"按钮编辑器"面板

5. 时间轴窗口

时间轴窗口是视频编辑工作中最常用的工作窗口，用于按时间前后、上下层次来编排合成序列中的所有素材片段，以及为素材对象添加特效等操作（在新建的空白项目中，时间轴窗口中是没有内容的，需要创建合成序列后，才能显示序列中对应的内容），如图 1-14 所示。

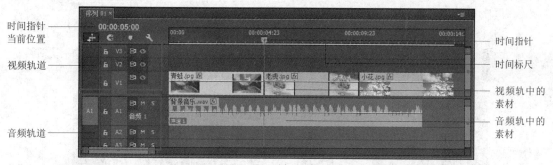

图 1-14　时间轴窗口

- 00:00:03:00 （播放指示器位置）：显示时间轴窗口中时间指针当前所在的位置，将鼠标移到上面，在鼠标光标改变形状为 🖐 后，按住鼠标左键并左右拖动，可以向前或向后移动时间指针。用鼠标单击该时间码，进入其编辑状态并输入需要的时间码位置，即可将时间指针定位到需要的时间位置。按下键盘上的←或→键，可以将时间指针每次向前或向后移动一帧。

- （将序列作为嵌套或个别剪辑插入并覆盖）：将其他序列 B 加入到当前序列 A 中时，如果该按钮处于按下的状态，则序列 B 将以嵌套方式作为一个单独的素材剪辑被应用；如果该按钮处于未按下的状态，则序列 B 中所有的素材剪辑将保持相同的轨道设置添加到当前序列 A 中，如图 1-15 所示。

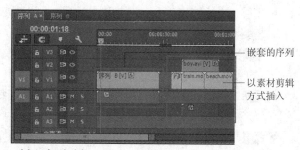

图 1-15　插入序列对象

- ■ (对齐)：按下该按钮，在时间轴窗口中移动或修剪素材到接近靠拢时，被移动或修剪的素材将自动靠拢并对齐到时间指针当前的位置，对齐前面或后面的素材，以便通过准确地调整，使两个素材的首尾相连。
- ■ (添加标记)：在时间标尺上时间指针当前的位置添加标记。
- ■ (时间轴显示设置)：单击该按钮，在弹出的菜单中选中对应的命令，可以为时间轴中视频轨道、音频轨道素材剪辑的显示外观以及各种标记的显示状态进行设置。
- ■ (切换轨道输出)：单击视频轨道中的该按钮，将其变为 ■ 状态，可以在序列中将该视频轨道中的内容隐藏起来，关闭该轨道中所有内容的输出；再次单击该按钮，则可以恢复其正常显示。
- ■ (静音轨道)：单击音频轨道中的该按钮，将其切换为选中状态 ■，可以关闭该轨道的输出，使其中所有音频内容变成静音。再次单击该按钮，可以恢复该轨道中音频内容的正常播放。
- ■ (独奏轨道)：单击音频轨道中的该按钮，将其切换为选中状态 ■，可以只输出该轨道中的音频内容，其他未设置为独奏状态的音频轨道中的所有音频内容变成静音。再次单击该按钮则取消独奏设置。
- ■ (切换轨道锁定)：单击轨道头中的该按钮，将其变为 ■ 状态，可以将该轨道中的内容锁定，不能再被编辑或删除，如图 1-16 所示。锁定的轨道中的内容将以斜线标示。再次单击该按钮，可以恢复该轨道中内容的可编辑状态。

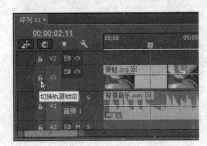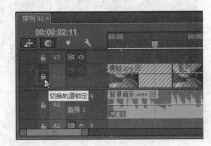

图 1-16　锁定视频轨道

6. 工具面板

Premiere Pro CC 的工具面板包含了一些在进行视频编辑操作时常用的工具。

- ■ (选择工具)：用于对素材进行选择、移动以及调节素材关键帧、为素材设置入点和出点等操作。
- ■ (轨道选择工具)：使用该工具，可以选中所有轨道中在鼠标单击位置及以后的所有轨道中的素材剪辑。
- ■ (波纹编辑工具)：使用该工具，可以拖动素材的出点以改变素材的长度，而相邻素材的长度不变，项目片段的总长度改变。
- ■ (滚动编辑工具)：使用该工具在需要修剪的素材边缘拖动，可以将增加到该素材的帧数从相邻的素材中减去，也就是说项目片段的总长度不发生改变。
- ■ (比率伸缩工具)：使用该工具可以对素材剪辑的播放速率进行相应的调整，以改变素材的长度。
- ■ (剃刀工具)：选择剃刀工具后，在素材上需要分割的位置单击，可以将素材分为两段。

- （外滑工具）：用于改变一段素材的入点和出点，保持其总长度不变，并且不影响相邻的其他素材。
- （内滑工具）：使用该工具，可以保持当前所操作素材剪辑的入点与出点不变，改变其在时间线窗口中的位置，同时调整相邻素材的入点和出点。
- （钢笔工具）：主要用于设置素材的关键帧。
- （手形工具）：用于改变时间轴窗口的可视区域，有助于编辑一些较长的素材。
- （缩放工具）：用于调整时间轴窗口显示的单位比例。按下 Alt 键，可以在放大和缩小模式间进行切换。

7. 效果面板

在效果面板中集合了预设动画特效、音频效果、音频过渡、视频效果和视频过渡类特效，可以很方便地为时间轴窗口中的各种素材添加特效，如图 1-17 所示。

8. 效果控件面板

效果控件面板用于对添加到时间轴中素材剪辑上的效果进行选项参数的设置。在选中图像素材剪辑时，会默认显示"运动"、"不透明度"和"时间重映射" 3 个基本属性。在添加了转换特效、视频/音频特效后，会在其中显示对应的具体设置选项，如图 1-18 所示。

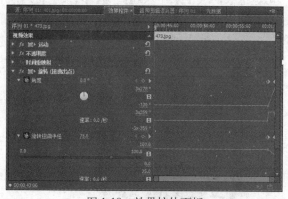

图 1-17　效果面板　　　　　　　　　　图 1-18　效果控件面板

9. 元数据面板

在元数据面板中，可以查看所选素材剪辑的详细文件信息以及嵌入到剪辑中的 Adobe Story 脚本内容，如图 1-19 所示。

10. 音轨混合器面板

音轨混合器面板用于对序列中素材剪辑的音频内容进行各项处理，实现混合多个音频、调整增益等多种针对音频的编辑操作，如图 1-20 所示。

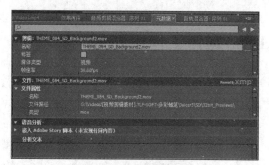

图 1-19　元数据面板

11. 媒体浏览器面板

使用媒体浏览器面板，可以直接在 Premiere 中查看电脑磁盘中指定目录下的素材媒体文件，并可以将素材直接加入到当前编辑项目的序列中使用，如图 1-21 所示。

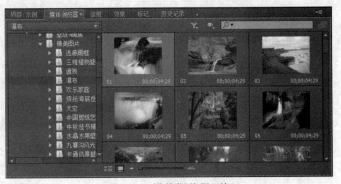

图 1-20　音轨混合器面板　　　　　　　　　　图 1-21　媒体浏览器面板

12. 信息面板

用于显示目前所选素材剪辑的文件名、类型、入点与出点、持续时间等信息，以及当前序列的时间轴窗口中，时间指针的位置、各视频或音频轨道中素材的时间状态等信息，如图 1-22 所示。

13. 历史记录面板

历史记录面板记录了从建立项目以来进行的所有操作，如图 1-23 所示。如果在操作中执行了错误的操作，或需要回复到多个操作步骤之前的状态，就可以单击历史面板中记录的相应操作名称，返回之前的编辑状态。

图 1-22　信息面板　　　　　　　　　　　　图 1-23　历史记录面板

1.3　选择工作区布局

为了满足不同的工作需要，Premiere Pro CC 提供了 7 种不同功能布局的界面模式，方便用户根据编辑内容的不同需要，选择最方便的界面布局。执行"窗口→工作区"命令，即可在弹出的子菜单中选择需要的工作空间布局模式，如图 1-24 所示。

- 编辑：默认的工作布局模式，显示最常用的基本功能面板，符合大多数人的操作习惯。
- 编辑（CS5.5）：Premiere Pro CS 5.5 的布局模式，方便习惯使用之前版本的用户使用，如图 1-25 所示。
- 元数据记录：该界面模式方便配合使用录像机从磁带中捕捉素材的操作。
- 效果：特效编辑模式，在界面中显示出"效果"面板和"效果控件"面板，方便用户为素材添加特效并进行特效参数设置，如图 1-26 所示。

图 1-24　选择工作区模式

图 1-25　编辑（CS5.5）模式

图 1-26　效果编辑模式

- 组件：如果在程序中安装了具有特殊处理功能的外挂组件程序后，可以在此编辑模式下启用这些组件并在界面中打开其设置面板，快速实现复杂的编辑效果。
- 音频：显示出"音频剪辑混合器"面板和"音轨混合器"面板，方便对序列中的音频素材进行编辑处理，以及选取需要的音频特效进行应用。

- 颜色较正：该模式可以显示出参考监视器，在其中可以选择显示影片当前位置的色彩通道变化，并将"效果控件"面板最大化，方便对颜色校正特效进行参数设置。

1.4 基础实例训练

1.4.1 实例1 启动与退出 Premiere Pro CC

操作步骤

1 执行"开始→所有程序→Adobe Premiere Pro CC"命令，或者双击桌面上的 Premiere Pro CC 快捷图标，即可启动该程序，如图 1-27 所示。

2 在弹出的欢迎屏幕对话框中，单击"新建项目"文字按钮，如图 1-28 所示。

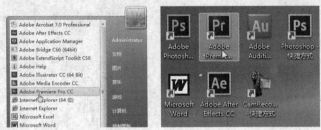

图 1-27 启动 Premiere Pro CC

3 弹出"新建项目"对话框，设置项目名称与位置，然后单击"确定"按钮，如图 1-29 所示。

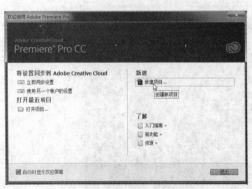

图 1-28 单击"新建项目"

图 1-29 单击"确定"按钮

4 执行操作后，即可新建项目，进入 Premiere Pro CC 工作界面，如图 1-30 所示。

提示

在电脑中双击 prproj 格式的项目文件，也可以启动 Adobe Premiere Pro CC 并打开项目文件。

5 在 Premiere Pro CC 中完成需要的编辑工作并保存项目后，执行"文件→退出"命令或按下按"Ctrl＋Q"组合键，即可退出程序。

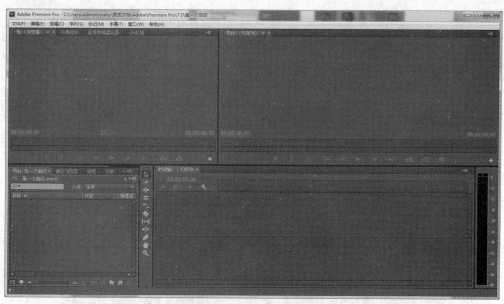

图 1-30　Premiere Pro CC 工作界面

1.4.2　实例 2　设置自定义工作区

操作步骤

1　将鼠标移到工作窗口或面板的名称标签上，然后按住鼠标左键并向需要集成的工作窗口或面板拖动，移动到目标窗口后，该窗口会显示出 6 个划分区域，包括环绕窗口四周的 4 个区域、中心区域以及标签区域。将鼠标移到需要停靠的区域后释放鼠标，即可将其集成到目标窗口所在面板组中，如图 1-31 所示。

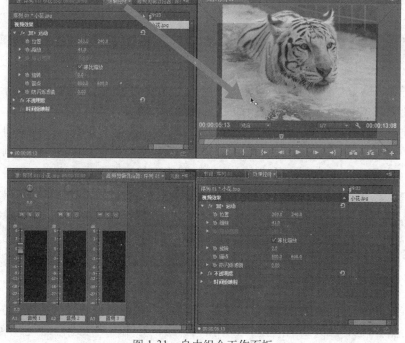

图 1-31　自由组合工作面板

2 按住工作面板名称标签前面的■图标并拖动，或者在拖动工作面板的过程中按"Ctrl"键，可以在释放鼠标后将其变为浮动面板，将其停放在任意位置，如图 1-32 所示。

图 1-32　将工作面板拖放为浮动面板

3 将鼠标移到工作面板之间的空隙上时，鼠标光标会改变为双箭头形状■（或■），此时按住鼠标并左右（或上下）拖动，即可调整相邻面板的宽度（或高度），如图 1-33 所示。

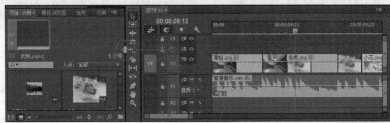

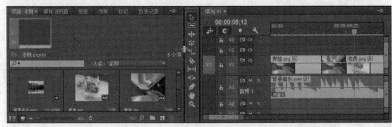

图 1-33　调整工作面板宽度

4 在需要将调整了面板布局的工作空间恢复到初始状态时，可以通过执行"窗口→工作区→重置当前工作区"命令来完成，如图 1-34 所示。

5 在调整好适合自己使用习惯的工作空间布局后，执行"窗口→工作空间→新建工作区"命令，在弹出的对话框中输入需要的工作区名称并按"确定"按钮，将其创建为一个新的界面布局，方便在以后选取使用，快速将界面调整为需要的布局模式，如图 1-35 所示。

图 1-34　重置工作区

图 1-35　创建新的工作空间布局

6 在实际的编辑操作中，按键盘上的"~"键，可以快速将当前处于关注状态的面板（面板边框为高亮的橙色）放大到铺满整个工作窗口，方便对编辑对象进行细致的操作。再次按"~"键，可以切换回之前的布局状态，如图 1-36 所示。

图 1-36　切换窗口最大化显示

1.4.3　实例 3　新建项目和序列

操作步骤

1　执行"文件→新建→项目"命令，打开"新建项目"对话框，在"名称"文本框中输入"创建第一个项目"，然后单击"位置"后面的"浏览"按钮，在打开的对话框中，为新创建的项目选择保存路径，如图 1-37 所示。

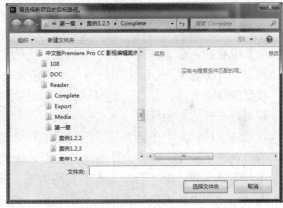

图 1-37　新建项目

2　单击"确定"按钮，进入工作界面。执行"文件→新建→序列"命令或按"Ctrl+N"快捷键，打开"新建序列"对话框，在"可用预设"列表中选择需要的预设项目设置，例如展开 DV-NTSC 文件夹并选择"标准 48kHz"类型，如图 1-38 所示。

 提示

　　在项目窗口中单击鼠标右键并选择"新建项目→序列"命令，也可以打开"新建序列"对话框。

3　展开"设置"选项卡，在"编辑模式"下拉列表中选择"自定义"选项，然后设置"时基"参数为 25.00 帧/秒，如图 1-39 所示。

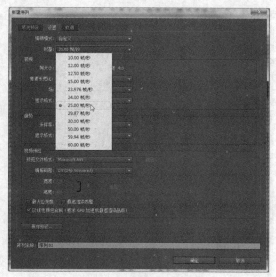

图 1-38　"新建序列"对话框　　　　　　　　图 1-39　设置序列帧频

- 编辑模式：用于确定合成序列的视频模式。默认情况下，该选项与"序列预设"中所选的预设类型的视频制式相同。选取了不同的编辑模式，下面的其他选项也会显示对应的参数内容。

- 时基：时间基数，也就是帧速率，决定一秒由多少帧构成。基本的 DV、PAL、NTSC 等制式的视频都只有一个对应的帧速率，其他高清视频（如 1080P、720P）则可以选择不同的帧速率。

- 帧大小：以像素为单位，显示视频内容播放窗口的尺寸。

- 像素纵横比：像素在水平方向与垂直方向的长度比例。计算机图像的像素是 1∶1 的正方形，而电视、电影中用的图像像素通常是长方形的。该选项用于设置所编辑视频项目的画面宽高比，可以根据所编辑影片的实际应用类型选择；如果是在电脑上播放，则可以选择方形像素。

- 场：该下拉列表中包括无场、高场优先、低场优先 3 个选项。在 PAL 或 NTSL 制式的电视机上预演，则要选择高场优先或低场优先。无场相当于逐行扫描，在播放过程中，运动图像边缘不会产生类似高场优先、低场优先的隔行扫描所产生的波纹问题，通常用于在电脑上预演或编辑高清视频，如图 1-40 所示。

图 1-40　逐行扫描和隔行扫描的画面对比

- 显示格式：选择在项目编辑中显示时间的方式，在"编辑模式"中选择不同的视频制式，这里的时间显示格式也不同，如图 1-41、图 1-42 所示。

图 1-41 NTSC 视频的时间格式

图 1-42 PAL 视频的时间格式

- 采样率：设置新建影片项目的音频内容采样速率。数值越大则音质越好，系统处理时间也越长，需要相当大的存储空间。
- 显示格式：设置音频数据在时间轴窗口中时间单位的显示方式。

4 在"新建序列"对话框中单击"确定"按钮后，即可在项目窗口查看到新建的序列对象。

1.4.4 实例 4 导入外部素材

操作步骤

1 执行"文件→导入"命令，或在项目窗口中的空白位置单击鼠标右键并选择"导入"命令，如图 1-43 所示。

2 在弹出的"导入"对话框中展开素材的保存目录，选取本书配套光盘中"实例文件\第 1 章\案例 1.2.6\Media"目录下准备的素材，如图 1-44 所示。

图 1-43 选择"导入"命令

提示

在项目窗口文件列表区的空白位置双击鼠标左键，可以快速打开"导入"对话框，进行文件的导入操作。

3 单击"打开"按钮，即可将选取的素材导入到项目窗口中，如图 1-45 所示。

图 1-44 选取要导入的素材文件

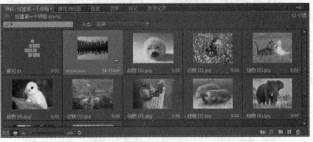
图 1-45 导入的素材文件

1.4.5 实例 5 将素材加入序列

操作步骤

1 在项目窗口中将图像素材"动物(1).jpg"拖动到时间轴窗口中视频 1 轨道上的开始位

置，在释放鼠标后，即可将其入点对齐在 00:00:00:00 的位置，如图 1-46 所示。

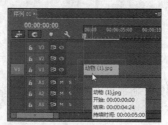

图 1-46　加入素材

2　在项目窗口中通过按住 "Shift" 键选择或直接用鼠标框选 "动物(2)~(10).jpg"，将它们拖入时间轴窗口中的视频 1 轨道上并对齐到 "动物 (1).jpg" 的出点位置开始，如图 1-47 所示。

图 1-47　同时加入多个素材到序列中

3　在项目窗口中选择音频素材 "music.wav"，将其拖入音频 1 轨道中并对齐到开始位置，如图 1-48 所示。

4　按空格键或单击节目监视器窗口中的 "播放-停止切换" 按钮 ▶，对编辑完成的影片内容进行播放预览，如图 1-49 所示。

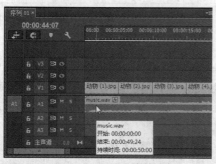

图 1-48　加入音频素材　　　　　　图 1-49　预览播放影片

5　执行 "文件→保存" 命令或按 "Ctrl+S" 键保存项目。

 提示

为了方便查看素材剪辑的内容与持续时间，可以将鼠标移动到轨道的轨道头上，向前滑动鼠标的中键，即可增加轨道的显示高度，显示出素材剪辑的预览图像；拖动窗口下边的显示比例滑块头，可以调整时间标尺的显示比例，以方便清楚地显示出详细的时间位置，如图 1-50 所示。

图 1-50　在轨道中显示素材剪辑的内容预览图像

1.4.6　实例 6　将项目文件输出成影片文件

🖱 **操作步骤**

1　在项目窗口中选择编辑好的序列，执行"文件→导出→媒体"命令，打开"导出设置"对话框，在预览窗口下面的"源范围"下拉列表中选择"整个序列"。

2　在"导出设置"选项中勾选"与序列设置匹配"复选框，应用序列的视频属性输出影片。单击"输出名称"后面的文字按钮，打开"另存为"对话框，在对话框中为输出的影片设置文件名和保持位置，单击"保存"按钮，如图 1-51 所示。

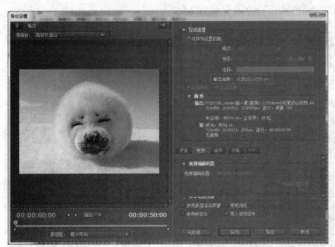

图 1-51　设置影片导出选项

3　保持其他选项的默认参数，单击"导出"按钮，Premiere Pro CC 将打开导出视频的编码进度窗口，开始导出视频内容。

4　影片输出完成后，使用视频播放器播放影片的完成效果，如图 1-52 所示。

1.3　课后练习

1. 自定义工作区并创建新的布局

将程序界面中最常用的工作面板或窗口设置为主要显示窗口，并创建为新的界面布

图 1-52　欣赏影片完成效果

局，可以在更符合个人操作习惯的工作环境中提高工作效率。

操作步骤

1 将 Premiere Pro CC 的工作界面调整为如下图 1-53 所示的布局，并将其创建为一个新的工作区。

图 1-53　新的工作区布局

2 先将项目窗口集成到界面的左上方，关闭不常用的面板（如元数据面板、媒体浏览器面板等），还可以将集成面板中都不常用的帧窗格关闭，使界面上只保留常用的项目窗口、监视器窗口、工具面板、时间轴窗口等，如图 1-54 所示。

图 1-54　整理需要显示的面板

3 执行"窗口→工作区→新建工作区"命令，将调整好的界面布局以"常用工作窗口"命名并创建为新的工作区，如图 1-55 所示。

图 1-55　新建工作区

2. 制作一个风光欣赏幻灯影片

参考本章中学习的创建项目和序列、导入外部素材、将素材加入到序列、输出影片文件等操作技能，利用本书配套光盘中的"实例文件\第 1 章\练习 1.3.2\Media"目录下准备的素材，制作一个风光欣赏幻灯影片，参考效果如图 1-56 所示。

图 1-56 编辑幻灯影片

第 2 章　素材剪辑

 本章重点

➤ PSD 素材的导入设置
➤ 导入序列图像文件
➤ 重命名素材和素材剪辑
➤ 自定义素材标签颜色
➤ 修改静态素材的默认持续时间
➤ 重设视频素材缩览图
➤ 使用选择工具调整静态素材剪辑的持续时间
➤ 使用选择工具修剪动态素材剪辑的持续时间
➤ 修改项目窗口中素材的速度与持续时间
➤ 修改序列中视频剪辑的速度与持续时间
➤ 通过源监视器窗口修剪素材的持续时间
➤ 在节目监视器窗口中对素材剪辑进行变换编辑
➤ 使用工具栏中的工具编辑素材剪辑
➤ 通过命令编组素材文件
➤ 分离视频素材中的音频和影像
➤ 添加和删除轨道
➤ 创建与设置倒计时片头
➤ 快慢变速与镜头倒放特效——快乐的夏天

2.1　基础训练

2.1.1　实例 1　PSD 素材的导入设置

素材目录	光盘\实例文件\第 2 章\实例 2.1.1\Media\
项目文件	光盘\实例文件\第 2 章\实例 2.1.1\Complete\ PSD 素材的导入设置.prproj
实例要点	Premiere 可以和 Adobe 的其他图像程序进行协作工作,例如可以先在 Photoshop 中利用其强大的图像处理功能编辑好需要的所有图像效果,然后导入到 Premiere 中使用。在导入分层文件到 Premiere 中时,可以选择对文件中的多个图层进行不同形式的导入

操作步骤

　　1　在项目窗口中单击鼠标右键并选择"导入"命令,在打开的"导入"对话框中选择为本实例准备的素材文件,如图 2-1 所示。

32 单击"打开"按钮后,在弹出的"导入分层文件"对话框中根据需要设置导入选项,如图 2-2 所示。

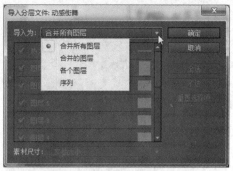

图 2-1 选择 PSD 文件　　　　　　　　　　图 2-2 "导入分层文件"对话框

- 合并所有图层:将分层文件中的所有图层合并,以一个单独图像的方式导入文件,导入到项目窗口中的效果如图 2-3 所示。

图 2-3 以"合并所有图层"方式导入

- 合并的图层:选择该选项后,下面的图层列表变为可以选择,取消勾选不需要的图层,然后单击"确定"按钮,将勾选保留的图层合并在一起并导入到项目窗口中,如图 2-4 所示。

图 2-4 以"合并的图层"方式导入

- 各个图层:选择该选项后,下面的图层列表变为可以选择,保留勾选的每个图层都将作为一个单独素材文件被导入。在下面的"素材尺寸"下拉列表中,可以选择各图层的图像在导入时是保持在原图层中的大小，还是自动调整到适合当前项目的画面大小。导入后的各图层图像，将自动被存放在新建的素材箱中，并以"图层名称/文件名称"的方式命名显示。双击其中一个图层图像，可以单独对其进行查看，如图 2-5 所示。

图 2-5　以"各个图层"方式导入

● 序列：选择该选项后，下面的图层列表变为可以选择，保留勾选的每个图层都将作为一个单独素材文件被导入，单击"确定"按钮后，将以该分层文件的图像属性创建一个相同尺寸大小的序列合成，并按照各图层在分层文件中的图层顺序生成对应内容的视频轨道，如图 2-6 所示。

图 2-6　以"序列"方式导入

2.1.2　实例 2　导入序列图像文件

素材目录	光盘\实例文件\第 2 章\实例 2.1.2\Media\
项目文件	光盘\实例文件\第 2 章\实例 2.1.2\Complete\导入序列图像文件.prproj
实例要点	序列图像通常是指一系列在画面内容上有连续的单帧图像文件，并且需要以连续数字序号的文件名才能被识别为序列图像。在以序列图像的方式将其导入时，可以作为一段动态图像素材使用

操作步骤

　　1　在项目窗口中双击鼠标左键，在打开的"导入"对话框中打开本实例素材目录，选择其中的第一个图像文件，然后勾选对话框下面的"图像序列"选项，如图 2-7 所示。

　　2　单击"打开"按钮，将序列图像文件导入到项目窗口中，即可看见导入的素材将以

视频素材的形式被加入到项目窗口中，如图 2-8 所示。

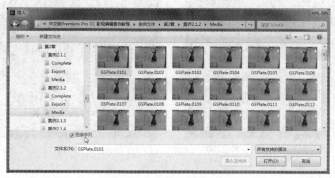

图 2-7 导入图像序列

3 在项目窗口中双击导入的序列图像素材，可以在打开的源监视器窗口中预览播放其
动画内容，如图 2-9 所示。

图 2-8 导入的序列图像素材

图 2-9 预览素材内容

 提示

有时候准备的素材文件是以连续的数字序号命名，在选择其中一个进行导入
时，将会被自动作为序列图像导入；如果不想以序列图像的方式将其导入，或者只
需要导入序列图像中的一个或多个图像，可以在"导入"对话框中取消对"图像序
列"复选框的勾选，再执行导入即可。

2.1.3 实例 3 重命名素材和素材剪辑

素材目录	光盘\实例文件\第 2 章\实例 2.1.3\Media\
项目文件	光盘\实例文件\第 2 章\实例 2.1.3\Complete\重命名素材和素材剪辑.prproj
实例要点	导入到项目窗口中的素材文件，只是与其源文件建立了链接关系，对项目窗口中的素材进行重命名，可以方便在操作管理中进行识别，不会影响素材原本的文件名称

操作步骤

1 导入为本实例准备的素材后，选择项目窗口中的素材对象，执行"剪辑→重命名"
命令或按"Enter"键，在素材名称变为可编辑状态时，输入新的名称即可，如图 2-10 所示。

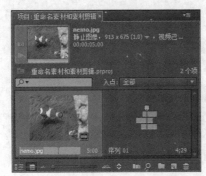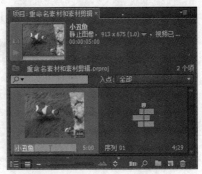

图 2-10　对素材进行重命名

提示

　　加入到序列中的素材，即成为一个素材剪辑，也是与项目窗口中的素材处于链接关系中。加入到序列中的素材剪辑，将与当时该素材在项目窗口中的名称显示剪辑名称。对素材进行重命名后，之前加入到序列中的素材剪辑不会因为素材名称的修改而自动更新，如图 2-11 所示。

重命名之前加入 ————
的素材

—— 重命名之后加入
的素材

图 2-11　重命名后加入的素材剪辑

　　2　选择时间轴窗口中的素材剪辑后，执行"剪辑→重命名"命令，在弹出的"重命名剪辑"对话框中，可以为该素材剪辑进行单独的重命名，方便在进行序列内容编辑时的对象区分。同样，对素材剪辑的重命名也不会对项目窗口中的源素材产生影响，如图 2-12 所示。

图 2-12　"重命名剪辑"对话框

2.1.4　实例 4　自定义素材标签颜色

素材目录	光盘\实例文件\第 2 章\实例 2.1.4\Media\
项目文件	光盘\实例文件\第 2 章\实例 2.1.4\Complete\自定义素材标签颜色.prproj
实例要点	Premiere 允许用户对项目窗口中素材的媒体类型默认标签颜色进行重新指定，可以方便用户以自己的认知操作习惯来对项目中的素材进行识别和管理

操作步骤

1 在项目窗口中双击鼠标左键,打开"导入"对话框,导入本实例素材目录中准备的所有素材文件,如图 2-13 所示。

2 在将素材导入到项目窗口中后,各种媒体类型的素材都有其对应的标签颜色,可以根据标签颜色来识别和排列顺序。在需要更改标签颜色的素材上单击鼠标右键,在弹出的命令选单中展开"标签"子菜单并选择需要的颜色即可,如图 2-14 所示。

图 2-13 导入素材

图 2-14 更改标签颜色

2.1.5 实例 5 修改静态素材的默认持续时间

素材目录	光盘\实例文件\第 2 章\实例 2.1.5\Media\
项目文件	光盘\实例文件\第 2 章\实例 2.1.5\Complete\修改静态素材的默认持续时间.prproj
实例要点	导入到 Premiere 中的静态图像素材,其在加入到序列中的默认持续时间是 125 帧。在进行应用大量静态图像素材,又需要对它们全部应用统一的默认持续时间时,可以通过"首选项"参数对其进行设置

操作步骤

1 在 Premiere 中新建一个 PAL 制式的序列,然后导入为本实例准备的图像素材文件,如图 2-15 所示。

图 2-15 新建序列并导入素材

2 将导入的素材加入到新建序列的视频 1 轨道中，可以看到其默认的持续时间为 125 帧的长度（PAL 制式为 25fps，125 帧刚好为 5 秒），如图 2-16 所示。

3 执行"编辑→首选项→常规"命令，在弹出的"首选项"对话框中，将"静止图像默认持续时间"选项的数值由 125 帧修改为 200 帧，如图 2-17 所示。

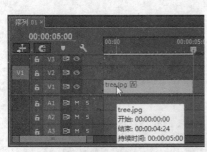

图 2-16　默认的持续时间

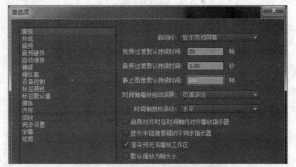

图 2-17　修改默认持续时间数值

4 单击"确定"按钮，应用对首选项的参数修改。再次执行导入命令，导入同一个图像素材到项目窗口中，然后将其加入时间轴窗口的视频 2 轨道中，即可查看到静态素材新应用的默认持续时间，如图 2-18 所示。

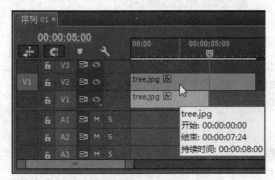

图 2-18　新的静态素材默认持续时间

提示

　　修改首选项中的静态素材默认持续时间后，在重新修改该数值之前，所有导入的静态图像素材都将应用该修改数值的持续时间。可以根据编辑需要进行重新设置或恢复默认数值。

2.1.6　实例 6　重设视频素材缩览图

素材目录	光盘\实例文件\第 2 章\实例 2.1.6\Media\
项目文件	光盘\实例文件\第 2 章\实例 2.1.6\Complete\重设视频素材缩览图.prproj
实例要点	项目窗口中的视频素材，默认以第一帧画面来显示缩览图，但大部分视频片段的第一帧都不是其内容的关键画面，为了更直观地了解导入视频素材的主要内容，可以通过重新设置视频素材的缩览图，方便用户更快速地了解视频素材的内容重点

 操作步骤

1 在项目窗口中的空白区域双击鼠标左键，导入准备好的视频素材，如图 2-19 所示。

2 将项目窗口设置为以图标显示素材文件，并且在其扩展命令菜单中选择"缩览图"和"预览区域"命令，如图 2-20 所示。

图 2-19　导入视频素材　　　　　　　　　　　　　图 2-20　选择对应命令

3 选择导入的视频素材，单击预览区域左侧的"播放-停止切换"按钮，如图 2-21 所示。或者拖动预览区域下方的进度条，在显示出视频片段中的闪电画面时停止，如图 2-22 所示。

图 2-21　播放预览视频　　　　　　　　　　　　　图 2-22　定位关键画面

4 确定需要的关键画面后，单击预览区域左侧的"标识帧"按钮，即可将素材文件区中视频素材的缩览图更新为设置的关键内容画面，如图 2-23 所示。

图 2-23　更新视频素材缩览图

2.1.7 实例 7 使用选择工具调整静态素材剪辑的持续时间

素材目录	光盘\实例文件\第 2 章\实例 2.1.7\Media\
项目文件	光盘\实例文件\第 2 章\实例 2.1.7\Complete\调整静态素材剪辑的持续时间.prproj
实例要点	静态图像素材没有播放速度的属性，在加入时间轴窗口中后，可以使用默认的选择工具自由调整其时间位置与持续时间

操作步骤

1 新建一个 PAL 制式的序列，然后导入为本实例准备的图像素材文件，再将导入的静态图像素材加入到新建序列的时间轴窗口中。

2 将鼠标移动到视频轨道中的图像素材剪辑中间位置，按住鼠标并左右拖动，可以整体移动其在轨道中的时间位置。在移动时弹出的提示框将显示时间位置的变化量，如图 2-24 所示。

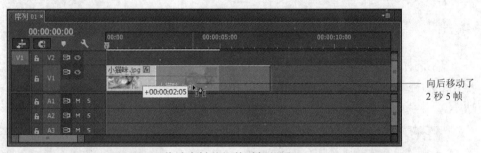

图 2-24 移动素材剪辑的时间位置

3 将鼠标移动到图像素材剪辑的开始或结束位置，在鼠标光标改变形状为▶或◀状态时，按住并拖动鼠标，即可改变素材剪辑在轨道中的入点或出点位置，进而改变素材剪辑的持续时间，如图 2-25 所示。

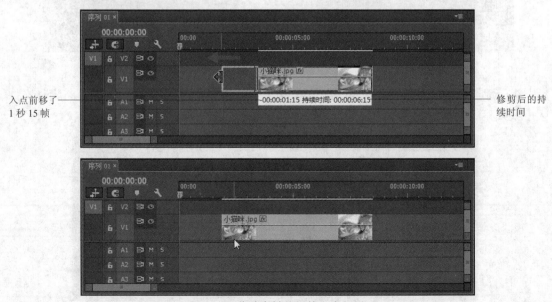

图 2-25 移动素材剪辑的入点位置

2.1.8 实例 8 使用选择工具修剪动态素材剪辑的持续时间

素材目录	光盘\实例文件\第 2 章\实例 2.1.8\Media\
项目文件	光盘\实例文件\第 2 章\实例 2.1.8\Complete\修剪动态素材剪辑的持续时间.prproj
实例要点	动态素材剪辑是指视频、音频、序列图像等具有自身原有持续时间与播放速度的素材剪辑，使用选择工具不能调整其播放速度，只能对其进行不超过原有时间长度的调整

操作步骤

1 在新建的项目中新建一个序列，然后导入为本实例准备的视频素材文件，再将其加入新建序列的时间轴窗口中。因为准备的视频素材画面尺寸与序列的画面尺寸不一致，在加入时弹出的提示对话框中单击"更改序列设置"按钮进行应用，如图 2-26 所示。

图 2-26 "剪辑不匹配警告"对话框

● 更改序列设置：更改序列的属性设置为与素材剪辑一致。

● 保持现有设置：不改变序列设置，保持素材的原本属性。

2 将鼠标移动到视频轨道中视频剪辑的中间位置，按住鼠标并左右拖动，可以整体移动其在轨道中的时间位置。

3 将鼠标移动到视频素材剪辑的开始或结束位置，在鼠标光标改变形状为▶或◀状态时，向内移动其入点或出点，可以修剪出需要显示的内容片断，如图 2-27 所示。

图 2-27 修剪动态素材剪辑的持续时间

4 向外移动其入点或出点进行修剪时，将在达到视频素材剪辑的最大原始长度时弹出提示框，如图 2-28 所示。

图 2-28 达到修剪限制的提示

2.1.9 实例 9 修改项目窗口中素材的速度与持续时间

素材目录	光盘\实例文件\第 2 章\实例 2.1.9\Media\
项目文件	光盘\实例文件\第 2 章\实例 2.1.9\Complete\修改项目窗口中素材的持续时间.prproj
实例要点	修改项目窗口中素材的速度与持续时间，可以使修改后加入到序列中的素材剪辑都应用新的持续时间，常用于批量修改静态图像素材的持续时间，对于动态素材，则表现为播放速度和持续时间的变化

操作步骤

1 在新建的项目中新建一个序列，然后导入为本实例准备的所有素材文件。

2 将项目窗口切换为列表显示，然后横向展开项目窗口，可以查看各个素材的持续时间，如图 2-29 所示。

3 选择需要修改速度与持续时间的素材后，执行"剪辑→速度/持续时间"命令，在打开的"剪辑速度/持续时间"对话框中，显示了在 100%播放速度下的素材持续时间，可以通过输入新的百分比数值或调整持续时间数值，修改所选素材对象的默认持续时间，如图 2-30 所示。

图 2-29　查看素材的持续时间　　　　图 2-30　修改素材速度与持续时间

- 倒放速度：勾选该复选框，可以在执行调整后，使素材剪辑反向播放。
- 保存音频音调：勾选该复选框，可以使素材中的音频内容在播放速度改变后，只改变速度，而不改变音调。

4 设置好需要的数值后，单击"确定"按钮进行应用，即可在项目窗口中查看到修改后的素材持续时间。另外，也可以直接在项目窗口中对单个素材对象的速度与持续时间进行修改，如图 2-31 所示。

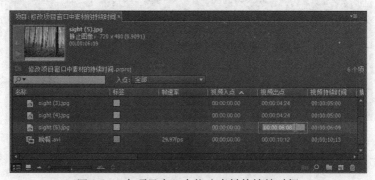

图 2-31　在项目窗口中修改素材的持续时间

提示

在修改播放速度与持续时间时，在修改之前加入序列中的素材剪辑不受影响，修改后加入到序列中的素材剪辑将应用新的播放速度与持续时间，轨道中的素材剪辑上也将显示新的播放速率变百分比。

2.1.10 实例 10 修改序列中视频剪辑的速度与持续时间

素材目录	光盘\实例文件\第 2 章\实例 2.1.9\Media\
项目文件	光盘\实例文件\第 2 章\实例 2.1.10\Complete\修改序列中素材剪辑的持续时间.prproj
实例要点	对于序列中的动态素材剪辑，可以根据需要对其进行单次的速度/持续时间修改，而不影响其在项目窗口中的源素材，也不会影响该源素材文件加入序列中生成的其他相同内容的素材剪辑

操作步骤

1 使用上一个实例中的"晚餐.avi"文件，新建一个 NTSC 制式的序列，将项目窗口中的视频素材加入序列的视频轨道中，如图 2-32 所示。

2 在时间轴窗口中的视频剪辑上单击鼠标右键并选择"速度/持续时间"命令，在弹出的对话框中对所选素材剪辑的播放速度与持续时间进行修改，如图 2-33 所示。

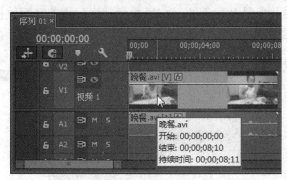

图 2-32　加入序列的视频剪辑

图 2-33　修改视频剪辑的播放速度

3 单击"确定"按钮，为时间轴窗口中选择的视频剪辑应用新的播放速度，如图 2-34 所示。

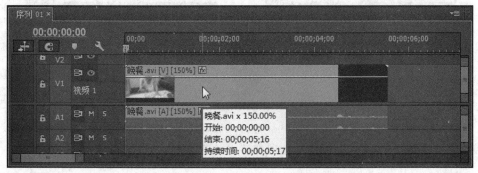

图 2-34　修改后的视频素材持续时间

2.1.11 实例 11 通过源监视器窗口修剪素材的持续时间

素材目录	光盘\实例文件\第 2 章\案例 2.1.9\Media\
项目文件	光盘\实例文件\第 2 章\案例 2.1.11\Complete\通过源监视器修剪素材的持续时间.prproj
实例要点	源监视器窗口用于查看或播放预览素材的原始内容，对打开的素材或剪辑进行入点、出点的设置，以及将素材以需要的方式加入到序列合成中

操作步骤

1 使用上一个实例中的"晚餐.avi"文件，新建一个 NTSC 制式的序列，将项目窗口中的视频素材加入两次到序列的视频轨道中，如图 2-35 所示。

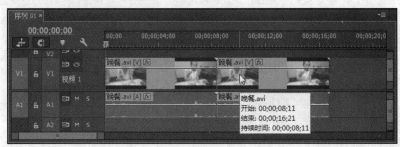

图 2-35 加入两次视频素材

2 为了方便进行修剪前后的对比，在视频轨道中双击第二段视频剪辑，将其在源监视器窗口中打开。将时间指针移动到 00;00;02;20 的位置，然后单击工具栏中的"标记入点"按钮，将该位置标记为视频剪辑的入点，如图 2-36 所示。

3 将时间指针移动到 00;00;07;20 的位置，然后单击工具栏中的"标记出点"按钮，将该位置标记为视频剪辑的出点，如图 2-37 所示。

图 2-36 标记入点

图 2-37 标记出点

提示

将鼠标移动到源监视器窗口中时间标尺上的入点或出点标记上，在鼠标光标改变形状后按住并向前或向后拖动，同样可以改变素材入点或出点的位置。

4 设置好新的入点和出点后，即可在时间轴窗口中查看到视频剪辑在修剪入点和出点

后新的持续时间，如图 2-38 所示。

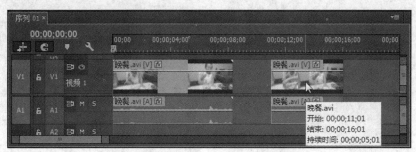

图 2-38　修剪入点和出点后的视频剪辑

💡 **提示**

在项目窗口中双击素材对象，将其在源监视器窗口中打开再进行入点、出点的编辑，将使所有在修改后加入序列中的该素材剪辑都应用新的持续时间。

2.1.12　实例 12　在节目监视器窗口中对素材剪辑进行变换编辑

素材目录	光盘\实例文件\第 2 章\实例 2.1.12\Media\
项目文件	光盘\实例文件\第 2 章\实例 2.1.12\Complete\在节目监视器窗口中编辑素材剪辑.prproj
实例要点	在节目监视器窗口中，可以使用鼠标直接对素材剪辑的图像进行移动位置、缩放大小以及旋转角度的编辑操作，与在效果控件面板中对素材剪辑的"运动"选项进行调整的效果相同

🖱 **操作步骤**

1　在新建的项目中新建一个序列，然后导入为本实例准备的素材文件。

2　将导入的图像素材加入序列的视频轨道中后，在节目监视器窗口中单击"选择缩放级别"下拉按钮，设置图像显示比例为可以完整显示图像原本大小的比例，如图 2-39 所示。

3　在节目监视器窗口中双击素材图像，进入对象编辑状态，图像边缘将显示控制边框，如图 2-40 所示。

图 2-39　选择显示比例

图 2-40　开启对象编辑状态

4　在素材剪辑的控制框范围内按住鼠标左键并拖动，即可将素材图像移动到需要的位置，如图 2-41 所示。

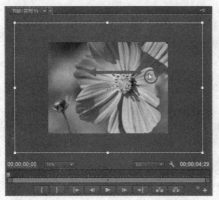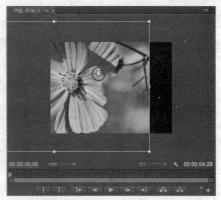

图 2-41　移动素材剪辑的位置

5　将鼠标移动到素材图像边框上的控制点上，在鼠标的光标改变形状后按住并拖动，即可对素材图像的尺寸进行缩放，如图 2-42 所示。

图 2-42　缩放图像大小

6　在效果控件面板中展开该素材剪辑的"运动"选项组，取消对"缩放"选项中"等比缩放"复选框的勾选后，在节目监视器窗口中可以用鼠标对素材图像的宽度或高度进行单独的调整，如图 2-43 所示。

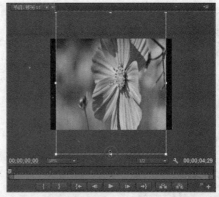

图 2-43　调整素材图像的宽度或高度

7　将鼠标移动到素材图像边框上控制点的外侧，在鼠标的光标改变形状后按住并拖动，可以对素材图像进行旋转调整，如图 2-44 所示。

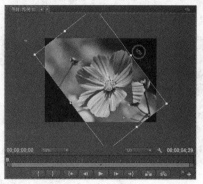

图 2-44　旋转素材图像的角度

2.1.13　实例 13　使用工具栏中的工具编辑素材剪辑

素材目录	光盘\实例文件\第 2 章\实例 2.1.13\Media\
项目文件	光盘\实例文件\第 2 章\实例 2.1.13\Complete\使用工具栏中的工具编辑素材剪辑.prproj
实例要点	工具面板中提供了多个专门用于对序列中的素材剪辑进行编辑调整的工具，尤其是在轨道中有多个相邻素材剪辑时，使用对应的工具来进行位置和持续时间的调整更方便

操作步骤

1　在新建的项目中新建一个序列，然后导入为本实例准备的所有素材文件。

2　按照如图 2-45 所示的编排顺序，将导入的素材加入到序列的时间轴窗口中。

图 2-45　添加素材到序列中

3　使用"选择工具"，在按住 Shift 键的同时选择轨道中的素材剪辑，可以同时选择多个不同位置的剪辑对象。选择"轨道选择工具"，在时间轴窗口的轨道中单击鼠标左键，可以选中所有轨道中在鼠标单击位置及以后的所有轨道中的素材剪辑，如图 2-46 所示。

图 2-46　使用轨道选择工具

4　使用"波纹编辑工具"，可以拖动素材剪辑的出点以改变剪辑的长度，使相邻素

材剪辑的长度不变，项目片段的总长度改变，如图 2-47 所示。

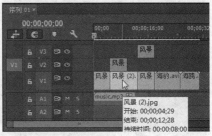

图 2-47   使用波纹编辑工具

5   使用"滚动编辑工具" ![图标]，在需要修剪的素材剪辑边缘按住并拖动，可以将增加到该剪辑的帧数从相邻的素材中减去，项目片段的总长度不发生改变，如图 2-48 所示。

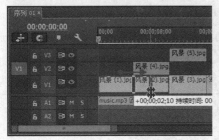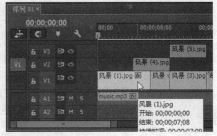

图 2-48   使用滚动编辑工具

6   使用"比率伸缩工具" ![图标]，在动态素材剪辑的边缘按住并拖动，可以对动态素材剪辑的播放速率进行加快或变慢的调整，以改变素材剪辑的长度，如图 2-49 所示。

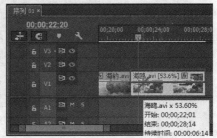

图 2-49   使用比率伸缩工具

7   选择"剃刀工具" ![图标]后，在素材剪辑上需要分割的位置单击，可以将素材分为两段，然后根据需要对分割出来的剪辑进行移动、修剪或删除等操作，如图 2-50 所示。

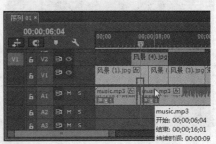

图 2-50   使用剃刀工具

8　选择"外滑工具" 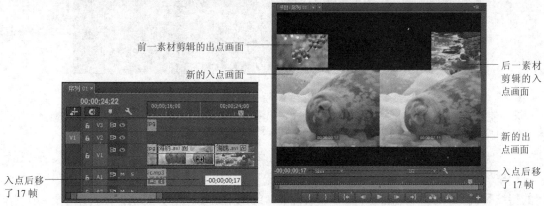后，在轨道中进行过裁切或修剪后的动态素材上按住并向左或向右拖动，可以使其在影片序列中的视频入点与出点向前或向后调整。同时，在节目监视器窗口中也将同步显示对其入点与出点的修剪变化，如图 2-51 所示。

前一素材剪辑的出点画面

新的入点画面

后一素材剪辑的入点画面

新的出点画面

入点后移了 17 帧

入点后移了 17 帧

图 2-51　使用外滑工具

9　使用"内滑工具" 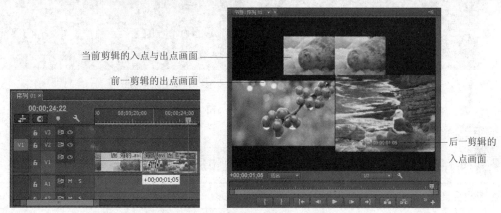，可以保持当前所操作素材剪辑的入点与出点不变，改变其在时间轴窗口中的位置，同时调整相邻素材的入点和出点，同时，在节目监视器窗口中也将同步显示对其入点与出点的修剪变化，如图 2-52 所示。

当前剪辑的入点与出点画面

前一剪辑的出点画面

后一剪辑的入点画面

图 2-52　使用内滑工具

2.1.14　实例 14　通过命令编组素材文件

素材目录	光盘\实例文件\第 2 章\实例 2.1.13\Media\
项目文件	光盘\实例文件\第 2 章\实例 2.1.14\Complete\通过命令编组素材文件.prproj
实例要点	使用编组命令，可以将时间轴窗口中任意位置的多个素材剪辑组合成一个整体对象，编组后的对象整体可以同时应用添加的效果或被整体移动、删除等。处于编组中的素材不能单独修改其基本属性，但可以单独调整其中一个素材的持续时间

操作步骤

1　导入上一实例的素材文件，在新建的项目中创建一个序列，将这些素材加入序列的时间轴窗口中，如图 2-53 所示。

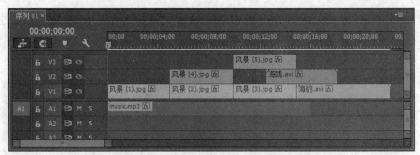

图 2-53　加入素材到时间轴窗口中

2　使用框选或按住 Shift 键选择的方式，选择需要编组的多个素材剪辑，然后执行"剪辑→编组"命令。

3　编组后的对象，可以选择其中一个即选中编组整体。按住并拖动编组对象，可以对其进行整体移动，如图 2-54 所示。选中编组对象后，可以用选择工具调整组合中多个素材剪辑的持续时间。将鼠标移动到其中一个素材剪辑的入点或出点上，在鼠标光标改变形状后按住并拖动鼠标，可以单独调整该素材剪辑的持续时间。

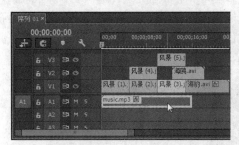 

图 2-54　移动编组对象

4　在不需要对素材剪辑应用编组处理时，可以在选择编组对象后，执行"剪辑→取消编组"命令进行取消。

2.1.15　实例 15　分离视频素材中的音频和影像

素材目录	光盘\实例文件\第 2 章\实例 2.1.15\Media\
项目文件	光盘\实例文件\第 2 章\实例 2.1.15\Complete\分离视频素材中的音频和影像.prproj
实例要点	"链接"是与"编组"功能相似的命令。与编组不同的是，处于链接状态的多个对象，可以通过效果控件面板单独设置其中某个素材的基本属性（位置、缩放、旋转、不透明度）。另外，视频素材中的音频和影像也被默认为链接关系，可以通过取消链接，分离序列中视频素材剪辑的音频和影像，然后将它们作为单独对象进行编辑处理

操作步骤

1　在新建的项目中新建一个序列，然后导入为本实例准备的视频素材文件，将其加入序列的视频轨道中，在弹出的提示对话框中单击"更改序列设置"按钮进行应用。

2　时间轴窗口中的视频剪辑作为一个整体对象，包含了音频和影像内容。将其选中并执行"剪辑→取消链接"命令，即可将该素材剪辑分离为一个音频素材和一个图像素材，可以被单独编辑处理，如图 2-55 所示。

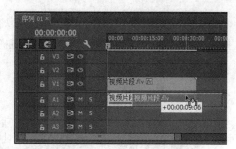

图 2-55　取消链接前后移动对象的对比

3　可以根据需要将分离后的对象单独删除，而保留另外的素材剪辑应用到序列中，如图 2-56 所示。

图 2-56　删除分离后的音频或视频影像

2.1.16　实例 16　添加和删除轨道

素材目录	光盘\实例文件\第 2 章\实例 2.1.13\Media\
项目文件	光盘\实例文件\第 2 章\实例 2.1.16\Complete\添加和删除轨道.prproj
实例要点	默认情况下新建的序列包含了 3 个视频和 3 个音频轨道。在编辑应用了大量素材剪辑的复杂影片时，可能会遇到序列的轨道数量不够用的情况，此时可以根据需要添加新的轨道。对于无用的轨道，可以将该轨道（及轨道中的所有内容）删除

操作步骤

1　新建一个项目并创建一个序列，导入"实例 2.1.13"的素材目录中准备的 5 个图像素材，然后为时间轴窗口中的每个视频轨道加入一个图像素材。

2　在轨道头中需要添加新轨道的位置单击鼠标右键并选择"添加单个轨道"命令，即可在该轨道的上层添加一个新的轨道，如图 2-57 所示。

图 2-57　添加单个轨道

3 如果需要一次性添加多个轨道，可以在轨道头上单击鼠标右键并选择"添加轨道"命令，打开"添加轨道"对话框，对需要添加轨道的类型、数量、参数选项进行详细的设置，然后单击"确定"按钮，如图 2-58 所示。

图 2-58　添加轨道

提示

将项目窗口中的素材直接拖入时间轴窗口中最上层视频轨道上方空白处（或最下层音频轨道下的空白处），在释放鼠标后，也可以自动添加一个视频（音频）轨道并放置该素材剪辑，如图 2-59 所示。

图 2-59　通过加入素材剪辑添加轨道

4 如果需要一次性删除多个轨道，可以在轨道头上单击鼠标右键并选择"删除轨道"命令，打开"删除轨道"对话框，根据需要勾选"删除视频轨道"或"删除音频轨道"，然后选择要删除轨道的名称或所有空轨道，单击"确定"按钮，如图 2-60 所示。

图 2-60　删除轨道

2.2　项目应用

2.2.1　项目 1　创建与设置倒计时片头

素材目录	光盘\实例文件\第 2 章\项目 2.2.1\Media\
项目文件	光盘\实例文件\第 2 章\项目 2.2.1\Complete\创建与设置倒计时片头.prproj
输出文件	光盘\实例文件\第 2 章\项目 2.2.1\Export\倒计时片头.flv
操作点拨	倒计时片头是在视频短片中常用的开场内容，用来提醒观众集中注意力。在 Premiere Pro cc 中可以很方便地创建数字倒计时片头动画，并对其进行画面效果的设置

本实例的最终完成效果，如图 2-61 所示。

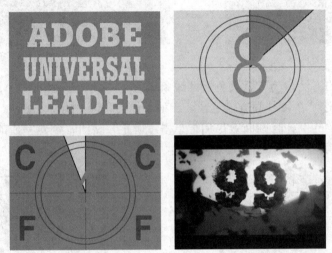

图 2-61　实例完成效果

操作步骤

1　在新建的项目中，新建一个 DV NTSC 视频制式的工作序列，然后导入本实例素材目录中准备的视频素材文件，如图 2-62 所示。

2　单击项目窗口工具栏中的"新建项"按钮■并选择"通用倒计时片头"命令，在打开的"新建通用倒计时片头"对话框中，根据需要设置好片头视频的属性选项，如图 2-63 所示。在此通常保持默认选项，应用于当前工作序列相同的视频属性设置。

图 2-62　新建序列并导入素材

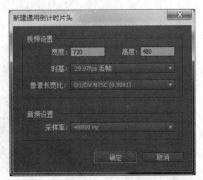

图 2-63　"新建通用倒计时片头"对话框

3 单击"确定"按钮，打开"通用倒计时设置"对话框，可以查看目前默认效果的片头画面，如图 2-64 所示。

4 单击"擦除颜色"后面的颜色块，在弹出的"拾色器"对话框中设置一个用以擦除背景的颜色，然后单击"确定"按钮，如图 2-65 所示。

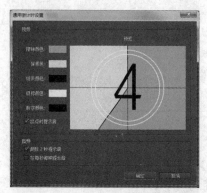

图 2-64 "通用倒计时设置"对话框

图 2-65 设置擦除颜色

5 依照相同的方法，为"背景色"、"线条颜色"、"目标颜色"、"数字颜色"等设置合适的颜色，然后勾选"在每秒都响提示音"选项，如图 2-66 所示。

6 设置好需要的倒计时画面效果后，单击"确定"按钮，创建完成的倒计时片头素材将在项目窗口中显示出来，如图 2-67 所示。

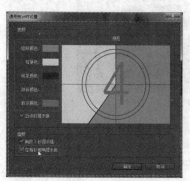

图 2-66 完成效果设置

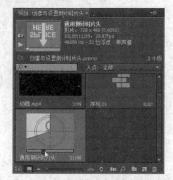

图 2-67 项目窗口中倒计时素材

7 将项目窗口中的倒计时片头视频素材和音频素材加入到时间轴窗口中，按"Enter"键或空格键进行播放预览，如图 2-68 所示。

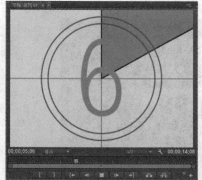

图 2-68 加入素材剪辑并预览影片

8　按"Ctrl+S"键保存工作，执行"文件→导出→媒体"命令，在打开的"导出设置"对话框中，设置输出格式为 FLV，设置好输出影片的保存目录和文件名称，然后单击"导出"按钮，执行影片输出，如图 2-69 所示。

9　影片输出完成后，在播放器程序中将其打开，欣赏影片的完成效果，如图 2-70 所示。

图 2-69　设置影片输出参数

图 2-70　播放输出影片

2.2.2　项目 2　快慢变速与镜头倒放特效——快乐的夏天

素材目录	光盘\实例文件\第 2 章\项目 2.2.2\Media\
项目文件	光盘\实例文件\第 2 章\项目 2.2.2\Complete\快慢变速与镜头倒放特效.prproj
输出文件	光盘\实例文件\第 2 章\项目 2.2.2\Export\快乐的夏天.flv
操作点拨	(1) 通过源监视器窗口对素材剪辑进行修剪，得到需要的内容片断。 (2) 通过"速度/持续时间"对话框，加快素材剪辑的播放速度，得到快镜头效果。 (3) 使用"比率拉伸工具"延长素材剪辑的持续时间，得到慢镜头效果

本实例的最终完成效果，如图 2-71 所示。

图 2-71　实例完成效果

🐧 **操作步骤**

1 在新建的项目中，新建一个 DV NTSC 视频制式的工作序列，然后导入本实例素材目录中准备的所有素材文件，如图 2-72 所示。

2 将准备的"夏天.mp4"素材加入两次到时间轴窗口的视频 1 轨道中，并在弹出的提示对话框中单击"更改序列设置"按钮进行应用，如图 2-73 所示。

图 2-72　新建序列并导入素材

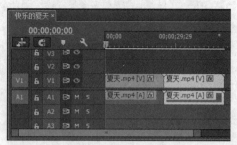

图 2-73　加入素材剪辑

3 双击视频轨道中的第 2 段素材剪辑，将其在源监视器窗口中打开。按空格键预览视频素材的内容后，在第 3 秒的位置标记入点，在第 22 秒 10 帧的位置标记出点，保留小男孩滑水的全过程，如图 2-74 所示。

图 2-74　在源监视器窗口中修剪素材剪辑

4 将视频轨道中修剪后的第 2 段素材剪辑移动到与前一素材剪辑的出点对齐，然后在其上单击鼠标右键并选择"速度/持续时间"命令，在弹出的对话框中将"速度"参数修改为 150% 并勾选"倒放速度"复选框，使该素材剪辑以加快 1.5 倍的速度方向倒放，如图 2-75 所示。

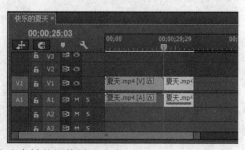

图 2-75　修改素材剪辑的播放速度

5 选择第 2 段素材剪辑并按 "Ctrl+C" 键对其进行复制，然后将时间指针移动到其出点位置，再按 "Ctrl+V" 键进行粘贴。

6 在新粘贴的素材剪辑上单击鼠标右键并选择 "速度/持续时间" 命令，在弹出的对话框中将 "速度" 参数修改为 300% 并取消对 "倒放速度" 选项的勾选，使该素材剪辑以加快 3 倍的速度正向播放。勾选 "保持音频音调" 复选框，然后单击 "确定" 按钮，如图 2-76 所示。

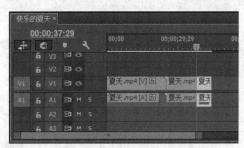

图 2-76 复制素材剪辑并修改播放速度

7 对第 3 段素材剪辑进行复制、粘贴后，在工具栏中选择 "比率伸缩工具" ，将鼠标移动到粘贴得到的第 4 段素材剪辑的末尾，在鼠标光标改变形状后按住并向后拖动到第 1 分 20 秒的位置，将素材剪辑的持续时间进行伸展，得到新的播放速率，如图 2-77 所示。

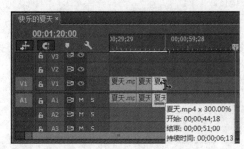

图 2-77 使用比率伸缩工具修改剪辑的播放速率

8 将时间指针定位在第 1 分 5 秒的位置，在工具栏中选择 "波纹编辑工具" ，将第 4 段素材剪辑的入点拖动到该位置，只保留视频中小男孩从水坡滑下的片段。修剪后的素材剪辑将自动前移到与上一段素材剪辑的出点对齐，如图 2-78 所示。

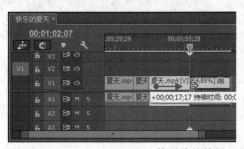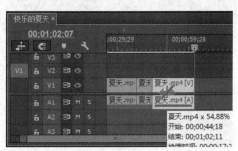

图 2-78 使用波纹编辑工具修剪素材剪辑的持续时间

9 将项目窗口中的 "标题文字.psd" 加入时间轴窗口的视频 2 轨道中，使用 "选择工具" 将其持续时间延长到与视频 1 轨道中内容的出点对齐，完成影片的编辑，如图 2-79 所示。

10 在节目监视器窗口中双击加入的标题文字图像，进入其编辑状态，然后将其移动到画面的左上方，如图 2-80 所示。

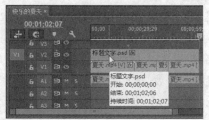

图 2-79　加入素材并延长持续时间

图 2-80　移动素材剪辑的位置

11 按 "Ctrl+S" 键保存工作，执行 "文件→导出→媒体" 命令，在打开的 "导出设置" 对话框中设置合适的参数，输出影片文件，如图 2-81 所示。

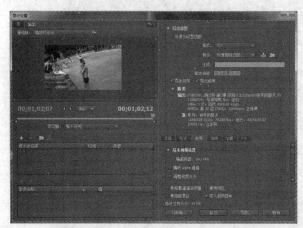

图 2-81　输出影片

2.3　课后练习

1. 编辑 PSD 素材的原始文件

在 Premiere Pro CC 中导入使用 Photoshop 编辑好的分层图像文件时，可以随时根据需要启动 Photoshop，对该 PSD 素材的原始图像内容继续编辑修改，再应用到 Premiere 的项目中，程序将自动对所做的图像修改进行更新。

操作提示：

（1）选择本书配套光盘中的 "实例文件\第 2 章\练习 2.3.1\Media" 目录下准备的 "周岁

留影.psd",以任意方式导入到 Premiere 中,如图 2-82 所示。

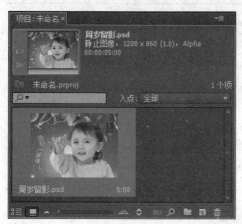

图 2-82 导入 PSD 素材并预览图像

(2)选择项目窗口中的 PSD 素材,执行"编辑→编辑原始"命令,即可启动电脑中安装的 Photoshop 程序并打开该 PSD 素材的原始文件。修改其图像内容后,执行保存并退出,即可在 Premiere 中更新修改后的该素材,如图 2-83 所示。

图 2-83 编辑 PSD 素材的原始图像

提示

在项目窗口或时间轴窗口中选择一个静态图像素材对象后,执行"编辑→在 Adobe Photoshop 中编辑"命令,可以打开 Photoshop 程序对其进行编辑修改,在保存后应用到 Premiere Pro CC 中。

2. 对视频素材进行精确的修剪

导入本书配套光盘中的"实例文件\第 2 章\练习 2.3.2\Media"目录下准备的视频素材,将它们加入新建的序列中,然后打开修剪监视器窗口,自行尝试了解修剪监视器窗口中各个功能选项的用途和操作使用方法。

提示

　　修剪监视器窗口用于对时间轴窗口中的素材剪辑进行持续时间的精细修剪，并可以适时查看修剪调整后视频的入点画面内容（或音频的波形）。如果时间轴窗口中的时间指针当前位置在素材剪辑的持续时间范围内，那么打开修剪监视器窗口后，将只显示当前剪辑的画面。如果时间指针在两个素材相接的位置，则打开修剪监视器窗口后，将显示前后两个素材剪辑的画面，并可以同时对两个素材的持续时间进行修剪调整，如图 2-84 所示。

　　在修剪过程中，时间轴窗口中的素材剪辑会同步更新持续时间的修剪结果。修剪完成后，关闭修剪监视器窗口，即可应用调整的修剪操作。

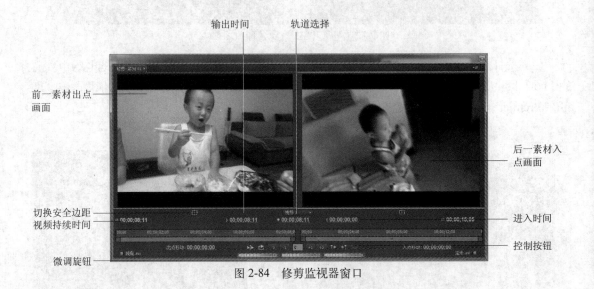

图 2-84　修剪监视器窗口

第 3 章　动画编辑

 本章重点

➢ 在效果面板中创建与编辑关键帧
➢ 在轨道中设置和编辑关键帧
➢ 位移动画的创建与调整
➢ 缩放动画的创建与编辑
➢ 旋转动画的创建与编辑
➢ 不透明度动画的创建与编辑
➢ 关键帧动画综合应用——太空碟影
➢ 关键帧动画综合应用——梦醒时分

3.1　基础训练

3.1.1　实例 1　在效果面板中创建与编辑关键帧

素材目录	光盘\实例文件\第 3 章\实例 3.1.1\Media\
项目文件	光盘\实例文件\第 3 章\实例 3.1.1\Complete\在效果面板中创建与编辑关键帧.prproj
实例要点	通过效果控件面板创建关键帧动画，可以准确地设置关键帧上的选项参数，是在 Premiere Pro CC 中创建关键帧动画时最常用的方法

操作步骤

　　1　在项目窗口中单击鼠标右键并选择"导入"命令，在打开的"导入"对话框中，选择为本实例准备的图像素材文件。新建一个合成序列，将导入的图像素材加入视频轨道中。

　　2　选择时间轴窗口中需要编辑关键帧动画的素材剪辑后，打开效果控件面板，将时间指针定位在开始位置，然后单击需要创建动画效果的属性选项前面的"切换动画"按钮，例如"位置"选项，在该时间位置创建关键帧，如图 3-1 所示。

创建的
关键帧

图 3-1　创建关键帧

3 将时间指针移动到新的位置后，单击"添加/移除关键帧" ◇ 按钮，即可在该位置添加一个新的关键帧。在该关键帧上修改"位置"选项的数值，即可为素材剪辑在上一个关键帧与当前关键帧之间创建位置移动动画效果，如图 3-2 所示。

图 3-2　创建关键帧并修改参数值

4 在当前选项的"切换动画"按钮处于 状态时，在将时间指针移动到新的位置后，直接修改当前选项的数值，即可在该时间位置创建包含新参数值的关键帧，如图 3-3 所示。

图 3-3　修改数值创建关键帧

5 在创建了多个关键帧以后，单击当前选项后面的"转到上一关键帧"按钮 ◁ 或"转到下一关键帧"按钮 ▷，可以快速将时间指针移动到上一个或下一个关键帧的位置，然后根据需要修改该关键帧的参数值，对关键帧动画效果进行调整，如图 3-4 所示。

图 3-4　选取关键帧

6 使用鼠标选择或框选一个或多个关键帧（被选中的关键帧将以黄色图标显示），使用鼠标按住并左右拖动，可以改变关键帧的时间位置，进而改变动画的快慢效果，如图 3-5 所示。

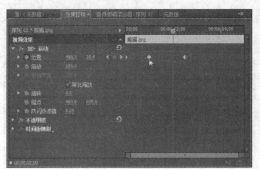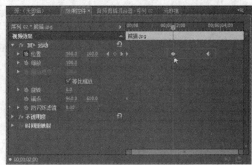

图 3-5　移动关键帧

提示

　　改变关键帧之间的距离，可以修改运动变化的时间长短。保持关键帧上的参数值不变，缩短关键帧之间的距离，可以加快运动变化的速度，延长关键帧之间的距离，可以减慢运动变化的速度。

7　将时间指针移动到一个关键帧上，单击"添加/移除关键帧" ◆ 按钮，可以删除该关键帧，如图 3-6 所示。

图 3-6　删除关键帧

8　使用鼠标选择或框选需要删除的一个或多个关键帧，按 Delete 键可以直接将其删除，如图 3-7 所示。

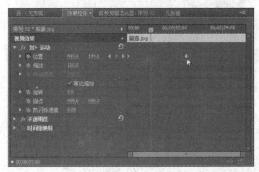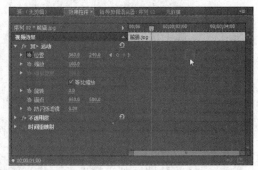

图 3-7　删除关键帧

9　在为选项创建了关键帧后，单击选项名称前面的"切换动画"按钮 ⏱，在弹出的对话框中单击"确定"按钮，即可删除设置的所有关键帧，取消对该选项编辑的动画效果，

并且以时间指针当前所在位置的参数值，作为取消关键帧动画后的选项参数值，将如图 3-8 所示。

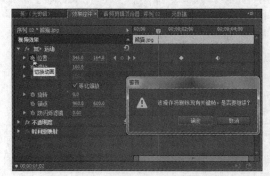

图 3-8　取消关键帧动画

3.1.2　实例 2　在轨道中设置和编辑关键帧

素材目录	光盘\实例文件\第 3 章\实例 3.1.2\Media\
项目文件	光盘\实例文件\第 3 章\实例 3.1.2\Complete\在轨道中设置和编辑关键帧.prproj
实例要点	除了可以通过效果控件面板为素材剪辑进行关键帧动画的编辑设置以外，还可以在时间轴窗口中直接完成对素材剪辑的关键帧动画设置。不过，在轨道中进行的关键帧编辑，不能很方便地设置精确的参数值，但比较适合创建简单快捷的动画效果

操作步骤

1　在项目窗口中单击鼠标右键并选择"导入"命令，在打开的"导入"对话框中选择为本实例准备的素材文件。新建一个合成序列，将导入的素材加入对应的轨道中。

2　要通过轨道中素材剪辑上的关键帧控制线编辑关键帧动画，需要先将其在轨道中显示出来：单击"时间轴显示设置"按钮 ，在弹出的菜单中选择"显示视频/音频关键帧"命令，如图 3-9 所示。

图 3-9　显示出关键帧控制线

3　单击素材剪辑名称后面的 （效果）图标，可以在弹出的列表中选择切换需要显示的素材效果属性，如图 3-10 所示。

4　在选择关键帧控制线属性后，将时间指针移动到需要添加关键帧的位置，然后单击轨道头中的"添加/移除关键帧"按钮 ，即可为素材的该效果属性在当前时间位置添加一个关键帧，如图 3-11 所示。

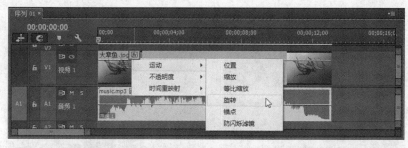

图 3-10　选择关键帧控制线的效果属性

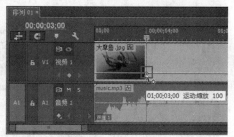

图 3-11　添加关键帧

5　在关键帧控制线上添加了关键帧后，可以用鼠标按住并左右拖动，调整关键帧的时间位置。大部分属性（如缩放、旋转、不透明度等）的关键帧都可以通过上下拖动来调整其参数数值，如图 3-12 所示。

图 3-12　调整关键帧的时间位置和参数值

3.1.3　实例 3　位移动画的创建与调整

素材目录	光盘\实例文件\第 3 章\实例 3.1.3\Media\
项目文件	光盘\实例文件\第 3 章\实例 3.1.3\Complete\位移动画的创建与调整.prproj
实例要点	对象位置的移动动画是最基本的动画效果，可以通过在效果控件面板中为"位置"选项在不同位置创建关键帧并修改参数值来创建。在实际工作中，通常在节目监视器窗口中编辑位移动画运动路径编辑

本实例的最终完成效果，如图 3-13 所示。

图 3-13　实例完成效果

操作步骤

1　在项目窗口中单击鼠标右键并选择"导入"命令，在打开的"导入"对话框中选择为本实例准备的图像素材文件。

2　新建一个 NTSC 合成序列，将导入的两个图像素材加入视频轨道中，并延长它们的持续时间到 10 秒的位置，如图 3-14 所示。

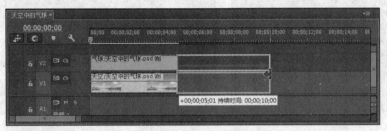

图 3-14　加入素材并延长持续时间

3　在节目监视器窗口中双击气球图像，进入其编辑状态后，按住 Shift 键的同时向内拖动图像轴的控制框，将其等比缩小到合适的大小，如图 3-15 所示。

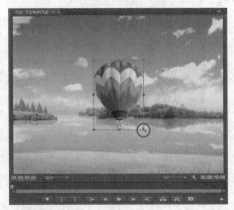

图 3-15　缩小气球图像

4　在时间轴窗口中将时间指针移动到开始位置，在节目监视器窗口中，将气球图像移动到画面左侧靠下的位置，如图 3-16 所示。

5　打开效果控件面板并展开"运动"选项，按"位置"选项前的"切换动画"按钮，在合成序列的开始位置创建关键帧，如图 3-17 所示。

图 3-16 定位剪辑图像

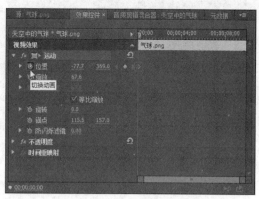

图 3-17 创建关键帧

6 将时间指针移动到第 3 秒的位置，在节目监视器窗口中按住并拖动气球图像到画面左上角的位置。Premiere 将自动在效果控件面板中第 3 秒的位置添加一个的关键帧，如图 3-18 所示。

图 3-18 移动剪辑并添加关键帧

7 使用同样的方法，在第 5 秒、第 8 秒和结束的位置添加关键帧，为气球图像创建移动到画面中下部、右上方、右侧外的动画，如图 3-19 所示。

图 3-19 编辑位移动画

8 在时间轴窗口中拖动时间指针或按空格键，可以预览编辑完成的位移动画效果。

9 对气球图像的位移路径进行调整，使位移动画有更多的变化。将鼠标移动到运动路径中第 5 秒关键帧左侧的控制点上，在鼠标指针改变形状后，按住并向左拖动一定距离，即可改变两个关键帧之间的位移路径曲线，如图 3-20 所示。

10 将鼠标指针移动到运动路径中第 5 秒关键帧上，在鼠标指针改变形状后，按住并向上拖动一定距离，可以改变该关键帧前后的位移路径曲线，如图 3-21 所示。

图 3-20　调整运动路径

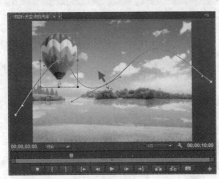

图 3-21　移动关键帧位置

11　编辑好需要的位移动画效果后，按"Ctrl+S"键保存工作，按空格键可以预览播放动画效果。

3.1.4　实例 4　缩放动画的创建与编辑

素材目录	光盘\实例文件\第 3 章\实例 3.1.3\Media\
项目文件	光盘\实例文件\第 3 章\实例 3.1.4\Complete\缩放动画的创建与编辑.prproj
实例要点	利用上一实例的项目文件，在其位移动画的基础上编辑缩放动画，制作气球在天空中飞翔的过程中，飞远变小，飞近变大的动画

操作步骤

1　在时间轴窗口中将时间指针移动到开始位置，打开效果控件面板，按"缩放"选项前的"切换动画"按钮创建关键帧并将该关键帧的参数值设置为 60%，如图 3-22 所示。

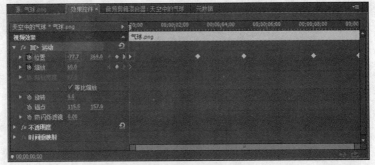

图 3-22　创建缩放关键帧

2 按"位置"选项后面的"转到下一关键帧"按钮 ▶，快速将时间指针定位到第 3 秒的位置，然后将"缩放"选项的参数值修改为 40，在该位置添加一个关键帧，如图 3-23 所示。

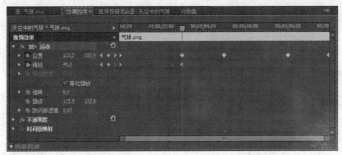

图 3-23　添加关键帧

3 使用同样的方法，为"缩放"选项添加新的关键帧并修改参数值，编辑出缩放变化的动画，如图 3-24 所示。

		00:00:05:00	00:00:08:00	00:00:09:29
⏱	缩放	80%	50%	70%

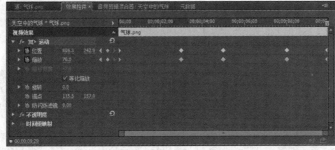

图 3-24　添加关键帧并设置参数

4 按"Ctrl+S"键保存工作。在时间轴窗口中拖动时间指针或按空格键，预览编辑完成的位移和缩放动画效果，如图 3-25 所示。

图 3-25　预览缩放动画

3.1.5　实例 5　旋转动画的创建与编辑

素材目录	光盘\实例文件\第 3 章\实例 3.1.5\Media\
项目文件	光盘\实例文件\第 3 章\实例 3.1.5\Complete\旋转动画的创建与编辑.prproj
实例要点	在效果控件面板中为素材剪辑的"旋转"属性创建关键帧，即可编辑出旋转动画效果。对象在旋转时将以其锚点作为旋转中心，可以根据需要对锚点位置进行调整

操作步骤

1 在项目窗口中新建一个 PAL 合成序列，在"新建序列"对话框中展开"设置"选项卡，在"场"下拉列表中选择"无场"，设置合成序列的视频扫描模式为逐行扫描，如图 3-26 所示。

2 单击鼠标右键并选择"导入"命令，在打开的"导入"对话框中选择为本实例准备的图像素材文件，如图 3-27 所示。

图 3-26　新建序列

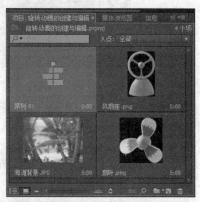
图 3-27　导入的素材

3 将导入的图像素材按如图 3-28 所示加入对应的视频轨道中，并延长它们的持续时间到 10 秒的位置。

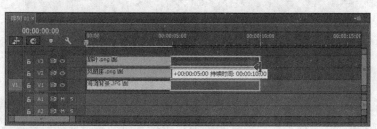
图 3-28　加入素材并延长持续时间

4 在节目监视器窗口中双击风扇座图像，进入其编辑状态后，将其按住并向下拖动适当的距离，如图 3-29 所示。

图 3-29　向下移动风扇座图像

5 选择视频 3 轨道中的"扇叶"剪辑，打开效果控件面板并展开"运动"选项，调整

"锚点"选项的参数值，将图像的锚点位置移动到风扇轴的中心点位置，如图 3-30 所示。

图 3-30　调整锚点位置

6　将调整好锚点位置的扇叶图像向上移动适当距离，使其中心轴与底座上的轴对齐，如图 3-31 所示。

图 3-31　向上移动扇叶图像

7　将时间指针移动到开始位置，打开效果控件面板，按"旋转"选项前的"切换动画"按钮创建关键帧。将时间指针移动到合成序列的结束位置，通过拖动调整或输入数值的方式，将"旋转"选项的参数值设置为 10×180.0°，如图 3-32 所示。

图 3-32　创建缩放关键帧

8　按"Ctrl+S"键保存工作。在时间轴窗口中拖动时间指针或按空格键，预览编辑完成的电风扇转动动画效果，如图 3-33 所示。

图 3-33　预览动画效果

3.1.6 实例 6 不透明度动画的创建与编辑

素材目录	光盘\实例文件\第 3 章\实例 3.1.6\Media\
项目文件	光盘\实例文件\第 3 章\实例 3.1.6\Complete\不透明度动画的创建与编辑.prproj
实例要点	通过编辑不透明度动画，可以制作图像在影片中显示或消失、渐隐渐现的动画效果。在实际编辑工作中，常用于编辑图像的淡入或淡出效果，使图像画面的显示过渡得更自然

操作步骤

1 在项目窗口中的空白处双击鼠标左键，打开"导入"对话框，选择本实例素材目录中准备的 PSD 图像文件，将其以合成序列的方式导入，如图 3-34 所示。

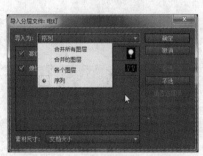

图 3-34 导入 PSD 素材为合成序列

2 双击导入生成的合成序列，打开其时间轴窗口，延长视频轨道中素材剪辑的持续时间到 8 的位置，如图 3-35 所示。

图 3-35 延长素材剪辑的持续时间

3 选择时间轴窗口中视频 2 轨道中的"亮灯"剪辑，在效果控制面板中展开"不透明度"选项组。默认情况下，"不透明度"选项前面的"切换动画"按钮处于按下状态，将时间指针定位在需要的位置并修改"不透明度"的参数值，即可进行动画效果的编辑，如图 3-36 所示。

		00:00:00:00	00:00:04:00	00:00:06:00	00:00:07:24
	不透明度	0%	100%	50%	100%

图 3-36 编辑不透明度关键帧动画

4 按"Ctrl+S"键保存工作。在时间轴窗口中拖动时间指针或按空格键，预览编辑完成的电灯忽明忽暗的动画效果，如图 3-37 所示。

图 3-37 预览不透明度动画效果

3.2 项目应用

3.2.1 项目 1 关键帧动画综合应用——太空碟影

素材目录	光盘\实例文件\第 3 章\项目 3.2.1\Media\
项目文件	光盘\实例文件\第 3 章\项目 3.2.1\Complete\太空碟影.prproj
输出文件	光盘\实例文件\第 3 章\项目 3.2.1\Export\太空碟影.flv
操作点拨	(1) 根据背景音乐的长度，调整图像素材剪辑的持续时间到与之对齐，确定序列长度。 (2) 编辑位移、缩放关键帧动画，并设置关键帧的动画差值来调整动画路径，得到飞碟掠过地球时由远到近、由慢到快的动画效果。 (3) 在飞碟运动路径上与地球相交的位置添加不透明度关键帧并设置透明效果，编辑出飞碟绕过地球再飞近画面的效果

本实例的最终完成效果，如图 3-38 所示。

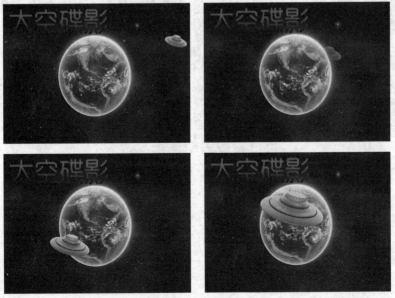

图 3-38 实例完成效果

操作步骤

1 在新建的项目中，新建一个 DV NTSC 视频制式、设置场序为"无场"的工作序列，然后导入本实例素材目录中准备的素材文件，如图 3-39 所示。

2 将导入的素材按如图 3-40 所示加入对应的视频轨道中，并延长视频轨道中两个图像素材剪辑的持续时间到与音频轨道中素材剪辑的出点对齐。

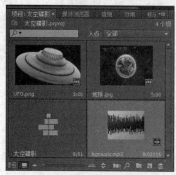

图 3-39 导入的素材

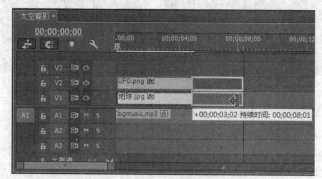

图 3-40 编排素材并调整持续时间

3 在节目监视器窗口中，将飞碟图像移动到画面右上角的外侧。打开效果控件面板并按"位置"选项前面的"切换动画"按钮，创建飞碟图像掠过画面的关键帧动画，如图 3-41 所示。

		00:00:00:00	00:00:02:00	00:00:04:00	00:00:06:00	00:00:07:00	00:00:07:29
	位置	800.0,100.0	500.0,170.0	130.0,280.0	590.0,320.0	330.0,190.0	-120.0,100

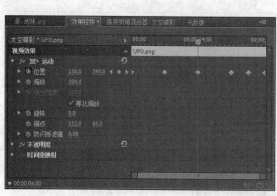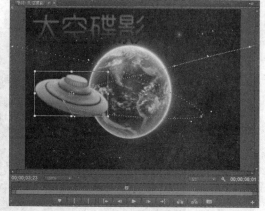

图 3-41 编辑飞碟位移动画

4 在效果控件中分别选择第 4、第 6、第 7 秒的关键帧，并在其上单击鼠标右键，在弹出的命令选单中选择"缓入"命令，再单击鼠标右键并选择"缓出"命令，得到播放这些关键帧时放慢进入、飞出的动画效果，如图 3-42 所示。

- 线性：在关键帧上产生间距一致的变化率，变化效果机械平直。
- 贝塞尔曲线：设置帧变化曲线为贝塞尔曲线，可以手动调节曲线的形状和关键帧之间的曲线路径。此时放大该视频轨道的显示高度并显示出对应的关键帧控制线，可以查看其帧变化曲线效果，如图 3-43 所示。

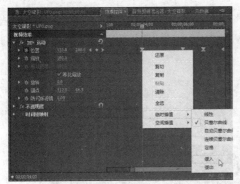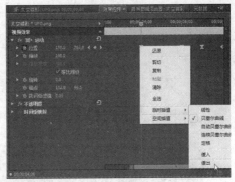

图 3-42　设置关键帧临时差值

图 3-43　关键帧控制线的变化曲线

- 自动贝塞尔曲线：设置帧变化曲线为自动贝塞尔曲线，在改变关键帧上的曲线时，程序会自动调整控制柄的位置，保持关键帧之间的平滑过渡。
- 连续贝塞尔曲线：设置帧变化曲线为持续贝塞尔曲线，在调整曲线时，可以影响整个关键帧动画的曲线路径。
- 定格：该插值算法会产生突变运动，只保持关键帧画面，一直到下一个关键帧时再突然发生变化，而关键帧之间的帧变化会被取消不显示。
- 缓入：减缓进入所选择关键帧的动画速率。
- 缓出：减缓离开所选择关键帧的动画速率。

5　在效果控件面板中按"缩放"选项前面的"切换动画"按钮，编辑飞碟图像由远及近、由小变大的关键帧动画，如图 3-44 所示。

		00:00:00:00	00:00:04:00	00:00:07:00	00:00:07:29
	缩放	30%	30%	100%	30%

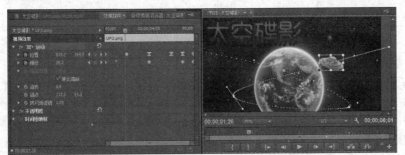

图 3-44　编辑图像缩放关键帧动画

6 拖动时间指针，配合飞碟图像飞近、飞离地球时的时间位置，在效果控件面板中展开"不透明度"选项并添加关键帧，编辑出飞碟飞到地球背面时消失、飞离时显现的动画效果，如图 3-45 所示。

		00;00;01;28	00;00;02;04	00;00;03;05	00;00;03;11
	不透明度	30%	0%	0%	100%

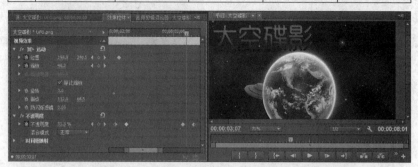

图 3-45 编辑图像的不透明度关键帧动画

7 按"Ctrl+S"键保存工作，执行"文件→导出→媒体"命令，在打开的"导出设置"对话框中设置合适的参数，输出影片文件，如图 3-46 所示。

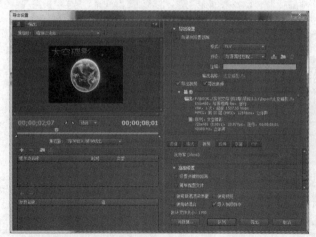

图 3-46 输出影片

3.2.2 项目 2 关键帧动画综合应用——梦醒时分

素材目录	光盘\实例文件\第 3 章\项目 3.2.2\Media\
项目文件	光盘\实例文件\第 3 章\项目 3.2.2\Complete\梦醒时分.prproj
输出文件	光盘\实例文件\第 3 章\项目 3.2.2\Export\梦醒时分.flv
操作点拨	(1) 根据背景音乐的长度，调整图像素材剪辑的持续时间到与之对齐，确定序列长度。 (2) 编辑旋转、不透明度关键帧动画，制作出时针的旋转动画效果。 (3) 编辑文字图像的淡入和弹跳缩放动画，并为其应用自动贝塞尔动画曲线调整，使缩放动画的弹跳效果流畅连贯。 (4) 通过复制并粘贴关键帧的方法，快速为多个素材剪辑应用同样的动画效果

本实例的最终完成效果，如图 3-47 所示。

图 3-47　实例完成效果

操作步骤

1 在项目窗口中的空白处双击鼠标左键，打开"导入"对话框，选择本实例素材目录中准备的 PSD 图像文件，将其以合成序列的方式导入，如图 3-48 所示。

2 打开"导入"对话框，导入本实例素材目录中准备的音频素材文件，如图 3-49 所示。

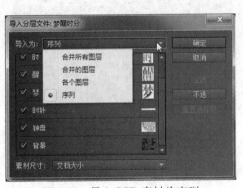

图 3-48　导入 PSD 素材为序列

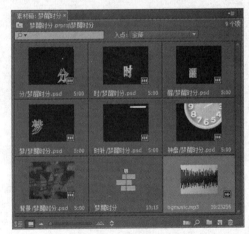

图 3-49　导入音频素材

3 双击导入生成的合成序列，打开其时间轴窗口，将音频素材加入音频 1 轨道中，并延长视频轨道中图像素材剪辑的持续时间到与音频轨道中素材剪辑的出点对齐，如图 3-50 所示。

4 选择视频 3 轨道中的"时针"素材剪辑，在效果控件面板中将其锚点移动到转动轴的中心位置，然后将其移动到与原位置对齐，如图 3-51 所示。

5 选择视频 2 轨道中的"钟盘"素材剪辑，在效果控件面板中为其编辑不透明度从开始的 0% 到第 2 秒 100% 的淡入动画效果，如图 3-52 所示。

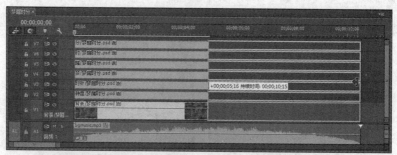

图 3-50　调整素材剪辑的持续时间

图 3-51　调整时针图像的锚点和位置

6　选择视频 3 轨道中的"时针"素材剪辑，同样为其创建从开始到第 2 秒的淡入动画，并编辑从开始到第 10 秒，旋转角度为 0~120°的动画效果，再将旋转动画结束关键帧的临时插值设置为缓入效果，如图 3-53 所示。

图 3-52　编辑钟盘淡入动画

图 3-53　编辑时针的淡入和旋转动画

7　选择视频 4 轨道中的"梦"图像剪辑，为其编辑淡入并弹跳缩放到正常大小的关键帧动画，如图 3-54 所示。

8　在"缩放"选项第 2~7 个关键帧上分别单击鼠标右键并选择"自动贝塞尔曲线"命令，然后在结束关键帧上单击鼠标右键并选择"缓入"命令，对动画曲线上的播放速率进行调整，使文字图像的弹跳动画变得更加流畅自然，如图 3-55 所示。

9　在效果控件面板中框选所有的关键帧并对其进行复制，然后在时间轴窗口中选择视频 5 轨道中的"醒"图像剪辑，在效果控件面板中将时间指针定位到 00:00:01:20，然后按"Ctrl+V"键粘贴，为其应用同样的动画效果，如图 3-56 所示。

图 3-54　编辑文字弹跳淡入显示动画

		1 秒	2 秒	3 秒	4 秒	5 秒	6 秒	7 秒	7 秒 15 帧
	缩放	30%	150%	60%	120%	80%	110%	95%	100%
	不透明度	0%				100%			

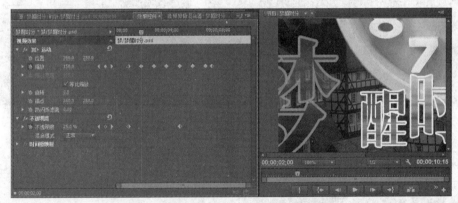

图 3-55　调整缩放动画曲线

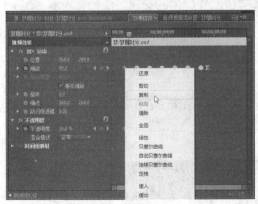

图 3-56　复制并粘贴关键帧

10　使用同样的方法，为视频 6、7 轨道中的图像剪辑依次延迟 20 帧并粘贴关键帧，完成影片动画效果的编辑，如图 3-57 所示。

11　按"Ctrl+S"键保存工作，执行"文件→导出→媒体"命令，在打开的"导出设置"对话框中设置合适的参数，输出影片文件，如图 3-58 所示。

图 3-57　逐次粘贴关键帧

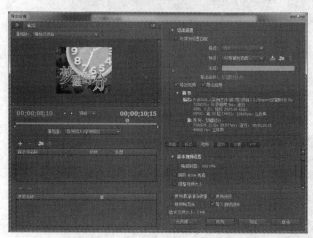

图 3-58　输出影片

3.3　课后练习

1. 编辑魔法水晶忽隐忽现的动画

应用本章中学习的关键帧动画编辑技能，参考前面实例中的编辑方法，利用本书配套光盘中：实例文件\第 3 章\练习 3.3.1\Media 目录下准备的"魔法球.psd"，编辑魔法水晶球在人物手中上下飘忽并忽隐忽现的动画效果。

操作步骤

1　以导入为合成序列的方式，导入准备的 PSD 素材图像。在时间轴窗口中适当延长素材剪辑的持续时间，如图 3-59 所示。

图 3-59　导入素材并调整素材剪辑的持续时间

2 在时间轴窗口中点选魔法球图像剪辑,通过效果控件面板为其编辑上下跳动的同时,不透明度反复变化的关键帧动画。

3 为"位置"选项中的关键帧应用自动贝塞尔动画曲线调整,使其弹跳效果流畅连贯,完成效果如图 3-60 所示。

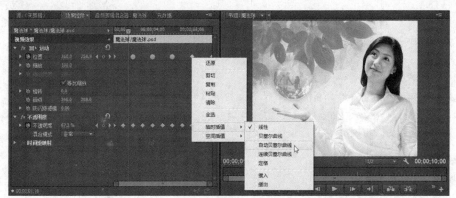

图 3-60 编辑关键帧动画

2. 编辑篮球弹跳滚远的动画

应用本章中学习的关键帧动画编辑技能,参考前面实例中的编辑方法,利用本书配套光盘中"实例文件\第 3 章\练习 3.3.2\Media"目录下准备的素材文件,编辑篮球在地板上跳动、旋转并滚向远处直至停止的动画效果,如图 3-61 所示。

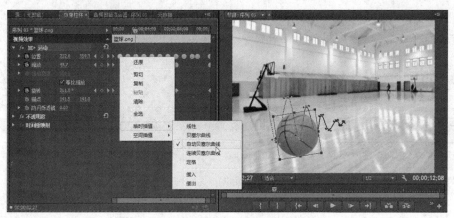

图 3-61 编辑关键帧动画效果

第 4 章　视频过渡应用

 本章重点

- ➢ 视频过渡效果的添加与设置
- ➢ 视频过渡效果的替换与删除
- ➢ 3D 运动类过渡效果的应用
- ➢ 伸缩类过渡效果的应用
- ➢ 划像类过渡效果的应用
- ➢ 擦除类过渡效果的应用
- ➢ 映射类过渡效果的应用
- ➢ 溶解类过渡效果的应用
- ➢ 滑动类过渡效果的应用
- ➢ 特殊类过渡效果的应用
- ➢ 缩放类过渡效果的应用
- ➢ 页面剥落类过渡效果的应用
- ➢ 用擦除过渡效果制作手写书法——新闻说法
- ➢ 视频过渡效果综合运用——美丽的银河

4.1　基础训练

4.1.1　实例 1　视频过渡效果的添加与设置

素材目录	光盘\实例文件\第 4 章\实例 4.1.1\Media\
项目文件	光盘\实例文件\第 4 章\实例 4.1.1\Complete\视频过渡效果的添加与设置.prproj
实例要点	视频过渡效果是添加在序列中的素材剪辑的开始、结束位置或素材剪辑之间的特效动画，使素材剪辑在影片中的出现或消失、素材影像间的切换变得平滑流畅

🖉 **操作步骤**

1　在项目窗口中的空白处双击鼠标左键，打开"导入"对话框，选择本实例素材目录中准备的图像文件并导入。

2　新建一个合成序列，将导入的素材加入视频轨道中并首尾对齐。

3　在效果面板中展开"视频过渡"文件夹并打开需要的视频过渡类型文件夹，选取需要的视频过渡效果并拖动到视频轨道中素材剪辑的头尾或相接的位置即可，如图 4-1 所示。

4　打开效果控件面板，可以对时间轴窗口中当前选择的视频过渡效果进行设置，如图 4-2 所示。

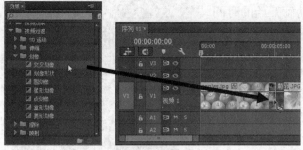 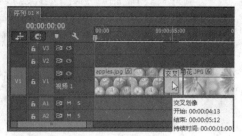

图 4-1 添加视频过渡效果

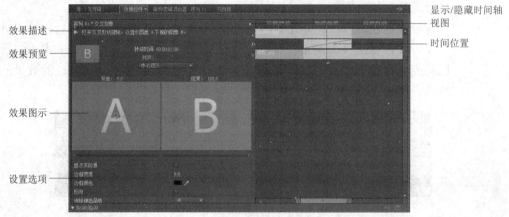

图 4-2 视频过渡效果设置

- 播放过渡▶：单击该按钮，可以在下面的效果预览窗格中播放该过渡特效的动画效果。
- 显示/隐藏时间轴视图▶：单击该按钮，可以在效果控件面板右边切换时间轴视图的显示。
- 持续时间：显示了视频过渡效果当前的持续时间。将鼠标移动到该时间码上，在鼠标光标变成样式后，按住并左右拖动鼠标，可以将过渡动画的持续时间缩短或延长。单击该时间码进入其编辑状态，可以直接输入需要的持续时间。

提示

在时间轴窗口中的素材剪辑上添加的过渡效果图标上单击鼠标右键并选择"设置过渡持续时间"命令，可以在打开的对话框中快速设置过渡动画持续时间，如图 4-3 所示。

图 4-3 设置过渡持续时间

● 对齐：在该下拉列表中选择过渡动画开始的时间
位置，如图 4-4 所示。

> 中心切入：过渡动画的持续时间在两个素材之
间各占一半。

> 起点切入：在前一个素材中没有过渡动画，在
后一个素材的入点位置开始。

> 终点切入：过渡动画全部在前一个素材的末尾。

> 自定义起点：将鼠标移动到时间轴视图中视频

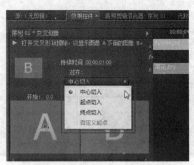

图 4-4　设置对齐方式

过渡效果持续时间的开始或结束位置，在鼠标
光标改变形状后，按住并左右拖动鼠标，即可对视频过渡效果的持续时间进行自
定义设置，如图 4-5 所示。将鼠标移动到视频过渡效果持续时间的中间位置，在
鼠标光标改变形状后，按住并左右拖动鼠标，可以整体移动视频过渡效果的时间
位置，如图 4-6 所示。

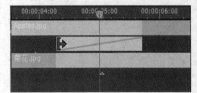
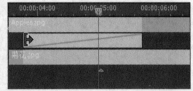

图 4-5　自定义视频过渡持续时间

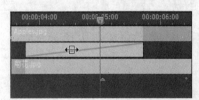
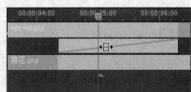

图 4-6　移动视频过渡的时间位置

● 开始/结束：设置过渡效果动画进程的开始或结束位置，默认为从 0 开始，结束于 100%
的完整过程。修改数值后，可以在效果图示中查看过渡动画的开始或结束过程位置。
拖动效果图示下方的滑块，可以预览当前过渡特效的动画效果，其停靠位置也可以对
动画进程的开始或结束百分比位置进行定位，如图 4-7 所示。

● 显示实际源：勾选该选项，可以在效果预览、效果图示中查看实际素材画面，如图 4-8
所示。

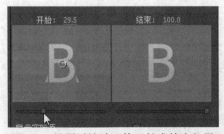

图 4-7　设置过渡动画的开始或结束位置

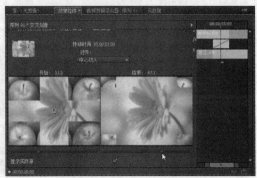

图 4-8　显示实际源

- 边框宽度：可以设置过渡形状边缘的边框宽度。
- 边框颜色：单击该选项后面的颜色块，在弹出的拾色器窗口中可以对过渡形状的边框颜色进行设置。单击颜色块后面的吸管图标，可以选择吸取界面中的任意颜色作为边框颜色，完成如图 4-9 所示。

图 4-9　设置边框颜色

- 反向：对视频过渡的动画过程进行反转，例如将原本的由内向外展开，变成由外向内关闭。
- 消除锯齿品质：在该选项的下拉列表中，可以对过渡动画的形状边缘消除锯齿的品质级别进行选择。

4.1.2　实例 2　视频过渡效果的替换与删除

素材目录	光盘\实例文件\第 4 章\实例 4.1.1\Media\
项目文件	光盘\实例文件\第 4 章\实例 4.1.2\Complete\视频过渡效果的替换与删除.prproj
实例要点	在不需要在素材剪辑上应用视频过渡效果，或者需要将其替换为其他的效果时，可以很方便地通过鼠标来操作完成

🎮 操作步骤

1　使用上一实例中的项目文件。在素材剪辑上添加的过渡效果图标上单击鼠标右键并选择"清除"命令，或直接按"Delete"键，即可删除对其的应用，如图 4-10 所示。

图 4-10　清除视频过渡效果

2　在需要将已经添加的一个视频过渡效果替换为其他效果时，无需将原来的过渡效果删除再添加，只需要在效果面板中选择新的视频过渡效果并拖动到时间轴窗口中，覆盖素材剪辑上原来的视频过渡效果即可，如图 4-11 所示。

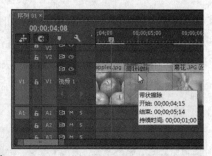

图 4-11 替换视频过渡效果

4.1.3 实例 3 3D 运动类过渡效果的应用

素材目录	光盘\实例文件\第 4 章\实例 4.1.3\Media\
项目文件	光盘\实例文件\第 4 章\实例 4.1.3\Complete\3D 运动类过渡效果的应用.prproj
实例要点	3D 运动类过渡包含 10 个特效，其效果是使最终展现的图像 B 以类似在三维空间中运动的形式出现并覆盖原图像 A

操作步骤

1 在项目窗口中的空白处双击鼠标左键，打开"导入"对话框，选择本实例素材目录中准备的图像文件并导入。新建一个合成序列，将导入的素材加入视频轨道中并首尾对齐。

2 在效果面板中展开"视频过渡→3D 运动"文件夹，选择"向上折叠"效果并拖动到视频轨道中素材剪辑之间相接的位置，如图 4-12 所示。

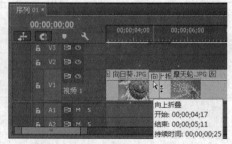

图 4-12 添加"向上折叠"过渡效果

3 在素材剪辑之间的视频过渡效果图标上单击鼠标右键并选择"设置过渡持续时间"命令，在弹出的对话框中将持续时间调整为 4 秒，如图 4-13 所示。

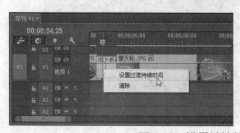

图 4-13 设置过渡效果持续时间

4 单击"确定"按钮，调整过渡效果的持续时间。在效果控件面板的"对齐"下拉列表中选择"中心切入"，使过渡效果在前后两个素材剪辑之间各占 2 秒。

5　拖动时间指针或按空格键，可以预览到图像 A 像纸张一样反复折叠，逐渐变小并显示出图像 B 的"向上折叠"过渡切换效果，如图 4-14 所示。

图 4-14　播放"向上折叠"过渡效果

3D 运动类过渡效果中其他过渡特效的动画效果如下：

- 帘式：图像 A 呈掀起的门帘状态时，图像 B 随之出现。
- 摆入：图像 B 像钟摆一样摆入，逐渐遮盖图像 A 的显示。
- 摆出：图像 B 以单边缩放的方式，逐渐遮盖图像 A。
- 旋转：图像 B 旋转出现在图像 A 上，从而遮盖图像 A。
- 旋转离开：类似"旋转"效果，在视觉上呈现由远到近或由近到远的效果。
- 立方体旋转：将图像 B 和图像 A 作为立方体的两个相邻面，像一个立方体逐渐从一个面旋转到另一面。
- 筋斗过渡：图像 A 水平翻转并逐渐缩小、消失，图像 B 随之出现。
- 翻转：图像 A 翻转到图像 B，通过旋转的方式实现空翻的效果。
- 门：图像 B 像从两边向中间关门一样出现在图像 A 上。

4.1.4　实例 4　伸缩类过渡效果的应用

素材目录	光盘\实例文件\第 4 章\实例 4.1.4\Media\
项目文件	光盘\实例文件\第 4 章\实例 4.1.4\Complete\伸缩类过渡效果的应用.prproj
实例要点	伸缩类过渡特效，主要是将图像 B 以多种形状展开，最后覆盖图像 A

操作步骤

1　在项目窗口中的空白处双击鼠标左键，打开"导入"对话框，选择本实例素材目录中准备的图像文件并导入。新建一个合成序列，将导入的素材加入到视频轨道中并首尾对齐。

2　在效果面板中展开"视频过渡→伸缩"文件夹，选择"交叉伸展"效果并拖动到视频轨道中素材剪辑之间相接的位置，如图 4-15 所示。

图 4-15 添加"交叉伸展"过渡效果

3 将鼠标移动到视频轨道中素材剪辑之间过渡效果持续时间的开始位置，在鼠标光标改变形状后，按住并向前拖动 2 秒的距离，即可将过渡效果的持续时间对称延长到增加 4 秒，如图 4-16 所示。

图 4-16 设置过渡效果持续时间

4 单击"确定"按钮，应用对过渡效果持续时间的调整。在效果控件面板的"对齐"下拉列表中选择"中心切入"，使过渡效果在前后两个素材剪辑之间各占一半。

5 拖动时间指针或按空格键，可以预览到图像 B 从一边延展进入，同时图像 A 向另一边收缩消失的"交叉伸展"过渡切换效果，如图 4-17 所示。

图 4-17 播放"交叉伸展"过渡效果

伸缩类过渡效果中，其他过渡特效的动画效果如下：
- 伸展：图像 A 保持不动，图像 B 延展覆盖图像 A。

- 伸展覆盖：图像 B 从图像 A 中心线性放大，覆盖图像 A。
- 伸展进入：图像 B 从完全透明开始，以被放大的状态，逐渐缩小并变成不透明，覆盖图像 A。

4.1.5　实例 5　划像类过渡效果的应用

素材目录	光盘\实例文件\第 4 章\实例 4.1.5\Media\
项目文件	光盘\实例文件\第 4 章\实例 4.1.5\Complete\划像类过渡效果的应用.prproj
实例要点	划像类过渡特效，主要是将图像 B 按照不同的形状（如圆形、方形、星形、菱形等），在图像 A 上展开，最后覆盖图像 A

操作步骤

1　在项目窗口中的空白处双击鼠标左键，打开"导入"对话框，选择本实例素材目录中准备的图像文件并导入。新建一个合成序列，将导入的素材加入视频轨道中并首尾对齐。

2　在效果面板中展开"视频过渡→划像"文件夹，选择"划像形状"效果并拖动到视频轨道中素材剪辑之间相接的位置，并将其持续时间向前后对称延长 2 秒，如图 4-18 所示。

图 4-18　添加"划像形状"过渡效果

3　拖动时间指针，可以预览"划像形状"过渡效果的默认切换效果，如图 4-19 所示。

图 4-19　预览过渡效果

4　在效果控件面板中设置"对齐"下拉列表选项为"中心切入"。单击下方的"自定义"按钮，在打开的对话框中可以对划像形状的单位宽度和高度进行设置，以调整划像形状的数量。在下面的选项中可以对形状的类型进行选择，如图 4-20 所示。

5　拖动时间指针或按空格键，可以预览图像 B 以设置的形状在图像 A 上展开的"划像形状"过渡切换效果，如图 4-21 所示。

划像类过渡效果中，其他过渡特效的动画效果说明如下：

- 交叉划像：图像 B 以十字形在图像 A 上展开。

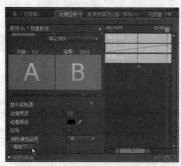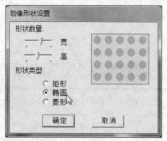

图 4-20　自定义划像形状

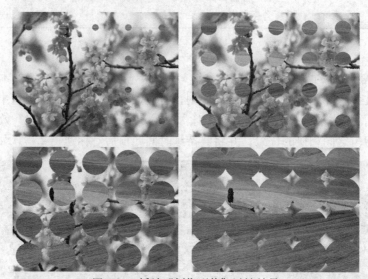

图 4-21　播放"划像形状"过渡效果

- 圆划像：图像 B 以圆形在图像 A 上展开。
- 星形划像：图像 B 以星形在图像 A 上展开。
- 点划像：图像 B 以字母 X 字形在图像 A 上收缩覆盖。
- 盒形划像：图像 B 以正方形在图像 A 上展开。
- 菱形划像：图像 B 以菱形在图像 A 上展开。

4.1.6　实例 6　擦除类过渡效果的应用

素材目录	光盘\实例文件\第 4 章\实例 4.1.6\Media\
项目文件	光盘\实例文件\第 4 章\实例 4.1.6\Complete\擦除类过渡效果的应用.prproj
实例要点	擦除类过渡特效主要是将图像 B 以不同的形状、样式以及方向，通过类似橡皮擦一样的方式将图像 A 擦除来展现出图像 B

 操作步骤

1　在项目窗口中的空白处双击鼠标左键，打开"导入"对话框，选择本实例素材目录中准备的图像文件并导入。新建一个合成序列，将导入的素材加入视频轨道中并首尾对齐。

2　在效果面板中展开"视频过渡→擦除"文件夹，选择"螺旋框"效果并拖动到视频轨道中素材剪辑之间相接的位置，并将其持续时间向前后对称延长 2 秒，如图 4-22 所示。

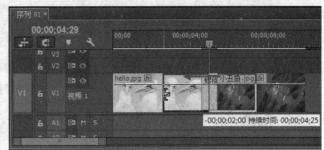

图 4-22　添加"螺旋框"过渡效果

3　拖动时间指针，可以预览"螺旋框"过渡效果的默认切换效果，如图 4-23 所示。

图 4-23　预览过渡效果

4　在效果控件面板中设置"对齐"下拉列表选项为"中心切入"。单击下方的"自定义"按钮，在打开的对话框中可以对螺旋框擦除的水平行数和垂直列数进行设置，以调整擦除效果的密度和动画速度，如图 4-24 所示。

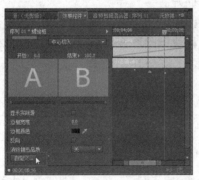

图 4-24　自定义划像形状

5　拖动时间指针或按空格键，可以预览图像 B 以从外向内螺旋推进并覆盖图像 A 的"螺旋框"过渡切换效果，如图 4-25 所示。

擦除类过渡效果中，其他过渡特效的动画效果说明如下：

● 划出：图像 B 逐渐擦除图像 A。

● 双侧平推门：图像 A 以类似开门的方式切换到图像 B。

● 带状擦除：图像 B 以水平、垂直或对角线呈条状逐渐擦除图像 A。

● 径向擦除：图像 B 以斜线旋转的方式擦除图像 A。

图 4-25 播放"螺旋框"过渡效果

- 插入：图像 B 呈方形从图像 A 的一角插入。
- 时钟式擦除：图像 B 以时钟转动方式逐渐擦除图像 A。
- 棋盘：图像 B 以方格棋盘状逐渐显示。
- 棋盘擦除：图像 B 呈方块形逐渐显示并擦除图像 A。
- 楔形擦除：图像 B 从图像 A 的中心以楔形旋转划入。
- 水波纹：图像 B 以来回往复换行推进的方式擦除图像 A。
- 油漆飞溅：图像 B 以类似油漆泼洒飞溅的方式逐块显示。
- 渐变擦除：图像 B 以默认的灰度渐变形式，或依据所选择的渐变图像中的灰度变化作为渐变过渡来擦除 A。
- 百叶窗：图像 B 以百叶窗的方式逐渐展开。
- 随机块：图像 B 以块状随机出现擦除图像 A。
- 随机擦除：图像 B 沿选择的方向呈随机块擦除图像 A。
- 风车：图像 A 以风车旋转的方式被擦除，显露出图像 B。

4.1.7 实例 7 映射类过渡效果的应用

素材目录	光盘\实例文件\第 4 章\实例 4.1.7\Media\
项目文件	光盘\实例文件\第 4 章\实例 4.1.7\Complete\映射类过渡效果的应用.prproj
实例要点	映射类过渡效果包含两个特效，主要是将图像的亮度或者通道映射到另一副图像，产生两个图像中的亮度或色彩混合的静态图像效果

操作步骤

　　1　在项目窗口中的空白处双击鼠标左键，打开"导入"对话框，选择本实例素材目录中准备的图像文件并导入，可以先在源监视器窗口中对图像的色彩内容进行查看，如图 4-26 所示。

　　2　新建一个合成序列，将导入的素材加入视频轨道中并首尾对齐。在效果面板中展开"视频过渡→映射"文件夹，选择"通道映射"效果并拖动到视频轨道中素材剪辑之间相接

的位置，如图 4-27 所示。

图 4-26 准备的图像 A 和图像 B

图 4-27 添加"通道映射"过渡效果

3 程序将自动弹出"通道映射设置"对话框，对图像 A、B 中各色彩通道要映射到（过渡效果持续时间范围内生成的）混合图像的通道进行对应设置。通过设置不同的通道映射，将得到不同的色彩通道混合效果，勾选"反转"选项，可以对该通道的混合方式进行反转，如图 4-28 所示。

图 4-28 设置色彩通道映射

4 将"猕猴桃.jpg"加入视频 1 轨道的末尾，在其与第二个素材剪辑之间加入"明亮度映射"过渡效果，可以直接查看在过渡效果持续范围内产生的像素亮度混合效果，如图 4-29 所示。

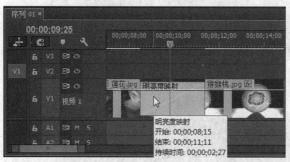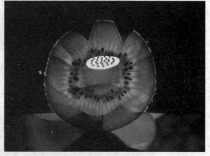

图 4-29　"明亮度映射"的过渡合成效果

4.1.8　实例 8　溶解类过渡效果的应用

素材目录	光盘\实例文件\第 4 章\实例 4.1.8\Media\
项目文件	光盘\实例文件\第 4 章\实例 4.1.8\Complete\溶解类过渡效果的应用.prproj
实例要点	溶解类过渡特效主要是在两个图像切换的中间产生软性、平滑的淡入淡出的效果

操作步骤

1 在项目窗口中的空白处双击鼠标左键，打开"导入"对话框，选择本实例素材目录中准备的图像文件并导入。新建一个合成序列，将导入的素材加入视频轨道中并首尾对齐。

2 在效果面板中展开"视频过渡→溶解"文件夹，选择"抖动溶解"效果并拖动到视频轨道中素材剪辑之间相接的位置，并将其持续时间向前后对称延长 2 秒，如图 4-30 所示。

图 4-30　添加"抖动溶解"过渡效果

3 在效果控件面板中设置"对齐"下拉列表选项为"中心切入"。拖动时间指针或按空格键，可以预览图像 A 以颗粒点状的形式逐渐淡化消失到显示出图像 B 的"抖动溶解"过渡切换效果，如图 4-31 所示。

溶解类过渡效果中，其他过渡特效的动画效果说明如下：

- 交叉溶解：图像 A 与图像 B 同时淡化溶合。
- 叠加溶解：图像 A 和图像 B 进行亮度叠加的图像溶合。
- 渐隐为白色：图像 A 先淡出到白色背景中，再淡入显示出图像 B。
- 渐隐为黑色：图像 A 先淡出到黑色背景中，再淡入显示出图像 B。

图 4-31　播放"抖动溶解"过渡效果

- 胶片溶解：图像 A 逐渐变色为胶片反色效果并逐渐消失，同时图像 B 也由胶片反色效果逐渐显现并恢复正常色彩。
- 随机反转：图像 A 先以随机方块的形式逐渐反转色彩，再以随机方块的形式逐渐消失，最后显现出图像 B。
- 非附加溶解：将图像 A 中的高亮像素溶入图像 B，排除两个图像中相同的色调，显示出高低反差的静态合成图像。

4.1.9　实例 9　滑动类过渡效果的应用

素材目录	光盘\实例文件\第 4 章\实例 4.1.9\Media\
项目文件	光盘\实例文件\第 4 章\实例 4.1.9\Complete\滑动类过渡效果的应用.prproj
实例要点	滑动类过渡特效主要是将图像 B 分割成带状、方块状的形式，滑动到图像 A 上并覆盖

操作步骤

1　在项目窗口中的空白处双击鼠标左键，打开"导入"对话框，选择本实例素材目录中准备的图像文件并导入。新建一个合成序列，将导入的素材加入视频轨道中并首尾对齐。

2　在效果面板中展开"视频过渡→滑动"文件夹，选取"带状滑动"效果并拖动到视频轨道中素材剪辑之间相接的位置，并将其持续时间向前后对称延长 2 秒，如图 4-32 所示。

图 4-32　添加"带状滑动"过渡效果

3 拖动时间指针，可以预览"带状滑动"过渡效果的默认切换效果，如图 4-33 所示。

图 4-33 预览"带状滑动"过渡效果

4 在效果控件面板中过渡效果的动画预览框边缘，单击对应的箭头按钮，可以对滑动动画的方向进行设置，如图 4-34 所示。单击"自定义"按钮在打开的"带状滑动设置"对话框中可以对图像过渡时的滑动带数量进行设置，如图 4-35 所示。

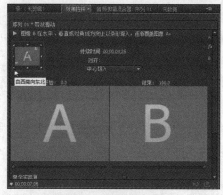

图 4-34 设置滑动方向

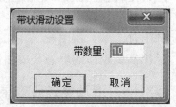

图 4-35 设置滑动带数量

5 拖动时间指针或按空格键，可以预览自定义动画方向和滑动带数量后的过渡切换效果，如图 4-36 所示。

图 4-36 播放"抖动溶解"过渡效果

滑动类过渡效果中，其他过渡特效的动画效果说明如下：

● 中心合并：图像 A 分裂成四块并向中心合并直至消失。

● 中心拆分：图像 A 从中心分裂并滑开显示出图像 B。

● 互换：图像 B 与图像 A 前后交换位置。

● 多旋转：图像 B 被划分成多个方块形状，由小到大旋转出现，最后拼接成图像 B 并覆盖图像 A。

● 拆分：图像 A 向两侧分裂，显示出图像 B。

- 推：图像 B 推走图像 A。
- 斜线滑动：图像 B 以斜向的自由线条方式滑入图像 A。
- 旋绕：图像 B 从旋转的方块中旋转出现。
- 滑动：此过渡特效的效果类似幻灯片的播放，图像 A 不动，图像 B 滑入覆盖图像 A。
- 滑动带：图像 B 在水平或垂直方向从窄到宽的条形中逐渐显露出来。
- 滑动框：类似于"滑动带"效果，但是条形比较宽而且均匀。

4.1.10　实例 10　特殊类过渡效果的应用

素材目录	光盘\实例文件\第 4 章\实例 4.1.10\Media\
项目文件	光盘\实例文件\第 4 章\实例 4.1.10\Complete\特殊类过渡效果的应用.prproj
实例要点	特殊类过渡特效主要利用通道、遮罩以及纹理的合成作用来实现特殊的过渡效果

操作步骤

1　在项目窗口中的空白处双击鼠标左键，打开"导入"对话框，选择本实例素材目录中准备的图像文件并导入，可以先在源监视器窗口中对图像的色彩内容进行查看，如图 4-37 所示。

图 4-37　准备的图像 A 和图像 B

2　新建一个合成序列，将导入的素材加入视频轨道中并首尾对齐。在效果面板中展开"视频过渡→特殊"文件夹，选择"三维"效果并拖动到视频轨道中素材剪辑之间相接的位置，如图 4-38 所示。

3　拖动时间指针或按空格键，对"三维"过渡效果中图像 A 被映像到图像 B 的红色和蓝色通道中形成的混合效果进行预览，如图 4-39 所示。

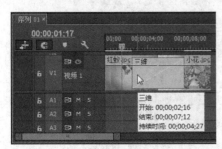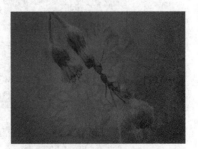

图 4-38　添加"三维"过渡效果　　　　　图 4-39　查看过渡混合效果

特殊类过渡效果中，其他过渡特效的效果说明如下：

- 纹理化：将图像 A 的像素直接映射到图像 B 上来进行混合。

● 置换：将图像 A 的 RGB 通道像素作为图像 B 的置换贴图来进行混合。

4.1.11　实例 11　缩放类过渡效果的应用

素材目录	光盘\实例文件\第 4 章\实例 4.1.11\Media\
项目文件	光盘\实例文件\第 4 章\实例 4.1.11\Complete\缩放类过渡效果的应用.prproj
实例要点	缩放类过渡特效主要是将图像 A 或图像 B，以不同的形状和方式缩小消失、放大出现或者二者交替，以达到图像 B 覆盖图像 A 的目的

操作步骤

1　在项目窗口中的空白处双击鼠标左键，打开"导入"对话框，选择本实例素材目录中准备的图像文件并导入。新建一个合成序列，将导入的素材加入视频轨道中并首尾对齐。

2　在效果面板中展开"视频过渡→缩放"文件夹，选择"缩放框"效果并拖动到视频轨道中素材剪辑之间相接的位置，将其持续时间向前后对称延长 2 秒，如图 4-40 所示。

图 4-40　添加"缩放框"过渡效果

3　在效果控件面板中设置"对齐"下拉列表选项为"中心切入"。拖动时间指针或按空格键，可以预览图像 B 以多个方块从图像 A 上放大出现的"缩放框"过渡切换效果，如图 4-41 所示。

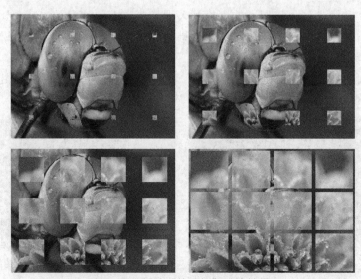

图 4-41　播放"缩放框"过渡效果

缩放类过渡效果中其他过渡特效的动画效果说明如下：

- 缩放轨迹：图像 A 以拖尾缩小的形式切换出图像 B。
- 缩放：图像 B 从图像 A 的中心放大出现。
- 交叉缩放：图像 A 放大到撑出画面，然后切换到放大同样比例的图像 B，图像 B 再逐渐缩小到正常比例。

4.1.12　实例 12　页面剥落类过渡效果的应用

素材目录	光盘\实例文件\第 4 章\实例 4.1.12\Media\
项目文件	光盘\实例文件\第 4 章\实例 4.1.12\Complete\页面剥落类过渡效果的应用.prproj
实例要点	页面剥落类过渡特效主要是使图像 A 以各种卷页的动作形式消失，最后显示出图像 B

操作步骤

1　在项目窗口中的空白处双击鼠标左键，打开"导入"对话框，选择本实例素材目录中准备的图像文件并导入。新建一个合成序列，将导入的素材加入视频轨道中并首尾对齐。

2　在效果面板中展开"视频过渡→页面剥落"文件夹，选择"剥开背面"效果并拖动到视频轨道中素材剪辑之间相接的位置，并将其持续时间向前后对称延长 2 秒，如图 4-42 所示。

图 4-42　添加"剥开背面"过渡效果

3　在效果控件面板中设置"对齐"下拉列表选项为"中心切入"，拖动时间指针或按空格键，可以预览图像 A 由中心分四块依次向四角卷曲，显示出图像 B 的"剥开背面"过渡切换效果，如图 4-43 所示。

图 4-43　播放"剥开背面"过渡效果

页面剥落类过渡效果中其他过渡特效的动画效果说明如下：
- 中心剥落：图像 A 从中心向四角卷曲，卷曲完成后显示出图像 B。
- 卷走：图像 A 以滚轴动画的方式向一边滚动卷曲，显示出图像 B。
- 翻页：图像 A 以页角对折形式消失，显示出图像 B。在卷起时，背景是图像 A。
- 页面剥落：类似"翻页"的对折效果，但卷起时背景是渐变色。

4.2 项目应用

4.2.1 项目 1 用擦除过渡效果制作手写书法——新闻说法

素材目录	光盘\实例文件\第 4 章\项目 4.2.1\Media\
项目文件	光盘\实例文件\第 4 章\项目 4.2.1\Complete\新闻说法.prproj
输出文件	光盘\实例文件\第 4 章\项目 4.2.1\Export\新闻说法.flv
操作点拨	(1) 在 Photoshop 中建立文字图像，通过按笔划逐次创建选区并填充连续的灰度渐变色，合并所有图层并以 TGA 格式保存，得到应用渐变擦除所需的渐变色图像。 (2) 新建颜色遮罩，作为进行渐变擦除的基本色图像。 (3) 应用渐变擦除过渡效果，通过"渐变擦除设置"对话框选取渐变填充文字图像，编辑手写书法动画效果

操作步骤

1 在新建的项目中，新建一个 DV PAL 视频制式、设置场序为"无场"的工作序列，然后导入本实例素材目录中准备的所有素材文件。

2 将项目窗口中的"新闻说.png"、"背景.avi"、"bgmusic.mp3"素材加入时间轴窗口中对应的轨道，并修剪"新闻说.png"、"bgmusic.mp3"素材剪辑的出点到与视频素材剪辑的出点对齐，如图 4-44 所示。

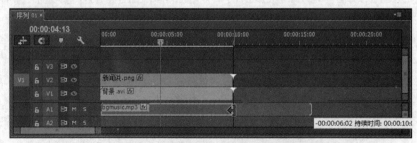

图 4-44 在时间轴窗口中修剪素材剪辑

3 选择"新闻说.png"素材剪辑，打开效果控件面板并展开"不透明度"选项，为其创建从开始到第 4 秒，其不透明度从 0~100%的淡入动画效果，如图 4-45 所示。

4 在项目窗口中单击工具栏中的"新建项" 按钮，在弹出的菜单命令中选择"颜色遮罩"命令，新建一个与合成序列相同视频属性的颜色遮罩素材，并设置其填充色为黄色（255，255，0），如图 4-46 所示。

5 设置好颜色后单击"确定"按钮，在弹出的"选择名称"对话框中为新建的素材命名，单击"确定"按钮。

图 4-45 编辑文字图像淡入动画

图 4-46 新建颜色遮罩

6 将项目窗口中的"颜色遮罩"素材拖入时间轴窗口中的视频 3 轨道中,设置其入点在第 5 秒开始,出点与下面轨道中的素材剪辑对齐,如图 4-47 所示。

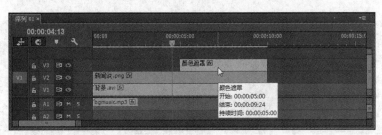

图 4-47 添加素材到时间轴窗口中

7 打开效果面板,展开"视频过渡"文件夹,在"擦除"文件夹中找到"渐变擦除"特效并将其添加到序列中的颜色遮罩素材剪辑的开始位置,如图 4-48 所示。

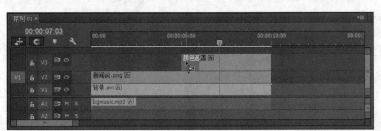

图 4-48 在素材剪辑的开始位置添加"渐变擦除"过渡效果

8 在弹出的"渐变擦除设置"对话框中单击"选择图像"按钮,在打开的对话框中选择准备好的"渐变:法.tga"素材文件,如图 4-49 所示。

9 单击"打开"按钮将其导入,此时的"渐变擦除设置"对话框如图 4-50 所示。保持其他选项的默认设置,单击"确定"按钮。

图 4-49　选择渐变图像

10 在时间轴窗口中将"渐变擦除"过渡效果的持续时间延长到与素材剪辑的出点对齐，如图 4-51 所示。

图 4-50　"渐变擦除设置"对话框

图 4-51　修改过渡特效的持续时间

11 拖动时间指针，可以在节目监视器窗口中预览"法"字的手写动画效果，如图 4-52 所示。

图 4-52　预览编辑效果

12 按"Ctrl+S"键保存工作，执行"文件→导出→媒体"命令，在打开的"导出设置"对话框中设置合适的参数，输出影片文件，如图 4-53 所示。

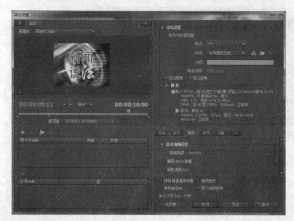

图 4-53　输出影片

4.2.2　项目 2　视频过渡效果综合运用——美丽的银河

素材目录	光盘\实例文件\第 4 章\项目 4.2.2\Media\
项目文件	光盘\实例文件\第 4 章\项目 4.2.2\Complete\美丽的银河.prproj
输出文件	光盘\实例文件\第 4 章\项目 4.2.2\Export\美丽的银河.flv
操作点拨	(1) 预先将整理好的图像素材文件裁切为和序列制式相同的尺寸大小。 (2) 在时间轴窗口中编排好素材剪辑，加入背景音乐并修剪好持续时间。 (3) 选取合适的视频过渡效果添加到素材剪辑之间相接的位置，通过效果控件面板对各个过渡效果的参数进行设置

操作步骤

1　在新建的项目中，新建一个 DV PAL 视频制式、设置场序为"无场"的工作序列，然后导入本实例素材目录中准备的所有素材文件。

2　将导入的图像素材按文件名顺序全部加入时间轴窗口中的视频 1 轨道中，然后将音频素材加入音频 1 轨道中，并修剪其出点与视频轨道中素材剪辑的出点对齐，如图 4-54 所示。

图 4-54　加入素材并调整持续时间

3　放大时间轴窗口中时间标尺的显示比例。在效果面板中展开"视频过渡"文件夹，选择合适的视频过渡效果，添加到时间轴窗口中素材剪辑之间的相邻位置，并在效果控件面板中将所有视频过渡效果的对齐位置设置为"中心切入"，如图 4-55 所示。

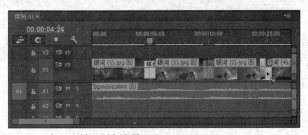

图 4-55　加入视频过渡效果

4　对于进行自定义效果设置的过渡效果，可以通过单击效果控件面板中的"自定义"按钮，打开对应的设置对话框，对该视频过渡特效的效果参数进行自定义的设置，如图 4-56 所示。

5　编辑好需要的影片效果后，按"Ctrl+S"键执行保存，按空格键预览编辑完成的影片效果，如图 4-57 所示。

6　执行"文件→导出→媒体"命令，在打开的"导出设置"对话框中设置合适的参数，输出影片文件。

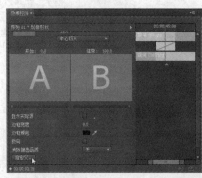
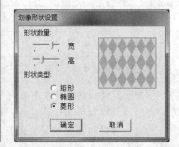

图 4-56　设置过渡效果自定义参数

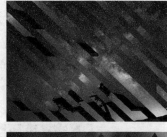

图 4-57　预览影片

4.3　课后练习

1. 编辑画卷逐渐展开的动画特效

使用本章中学习了解的视频过渡效果编辑方法并配合关键帧动画的编辑，利用本书配套光盘中"实例文件\第 4 章\练习 4.3.1\Media"目录下准备的素材文件，编辑山水画卷轴逐渐展开的动画效果。

操作步骤

1　在时间轴窗口中编排好素材，然后为"画.png"应用"擦除→划出"过渡效果并调整其持续时间为 4 秒，如图 4-58 所示。

图 4-58　添加"划出"过渡效果

2　配合节目监视器窗口中的过渡切换动画，在效果控件面板中，为过渡效果设置动画切换的开始点和结束点，如图 4-59 所示。

3　配合画卷图像的过渡切换动画，为画轴图像创建在画卷图像上层合适的位置，随着画卷的展开而从左向右运动的关键帧动画，如图 4-60 所示。

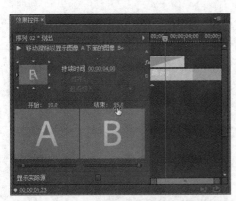

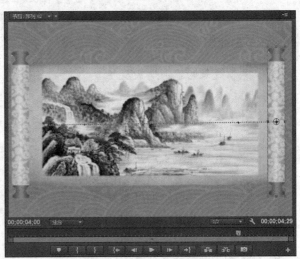

图 4-59　设置过渡效果参数　　　　　　图 4-60　编辑关键帧动画

2. 综合应用视频过渡效果制作幻灯影片

综合应用本章中学习了解的视频过渡效果，参考前面实例中的编辑方法，利用本书配套光盘中"实例文件\第 4 章\练习 4.3.2\Media"目录下准备的素材文件，编辑一个幻灯欣赏影片。可以使用自定义过渡形状设置的特效，编辑多样变化的过渡效果，如图 4-61 所示。

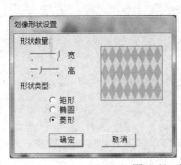

图 4-61　添加并设置过渡效果

第 5 章　视频效果应用

 本章重点

- ➤ 视频效果的添加与设置
- ➤ 变换类视频效果的应用
- ➤ 图像控制类视频效果的应用
- ➤ 扭曲类视频效果的应用
- ➤ 时间类视频效果的应用
- ➤ 杂色与颗粒类视频效果的应用
- ➤ 模糊和锐化类视频效果的应用
- ➤ 生成类视频效果的应用
- ➤ 调整类视频效果的应用
- ➤ 过渡类视频效果的应用
- ➤ 透视类视频效果的应用
- ➤ 通道类视频效果的应用
- ➤ 键控类视频效果的应用
- ➤ 颜色校正类视频效果的应用
- ➤ 风格化类视频效果的应用
- ➤ Warp Stabilizer 特效应用——修复视频抖动
- ➤ 颜色键特效应用——绿屏抠像合成
- ➤ 颜色校正特效综合应用——电影色彩效果

5.1　基础训练

5.1.1　实例 1　视频效果的添加与设置

素材目录	光盘\实例文件\第 5 章\实例 5.1.1\Media\
项目文件	光盘\实例文件\第 5 章\实例 5.1.1\Complete\视频效果的添加与设置.prproj
实例要点	视频效果的添加与设置与视频过渡效果的应用方法基本相同，都是通过从效果面板中选择需要的特效命令后，按住并拖入时间轴窗口中需要的素材剪辑上，然后在效果控件面板中对特效的应用效果进行设置

🖱 **操作步骤**

　　1　在项目窗口中的空白处双击鼠标左键，打开"导入"对话框，选择本实例素材目录中准备的图像文件并导入。新建一个合成序列，将导入的素材加入视频轨道中。

　　2　在效果面板中展开"视频效果"文件夹并打开需要的特效类型文件夹，选择需要的

视频效果并拖动到视频轨道中的素材剪辑上即可，如图 5-1 所示。

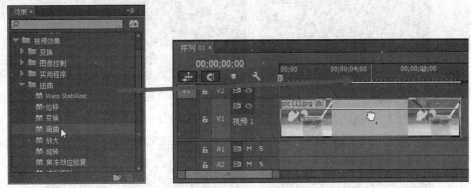

图 5-1　在素材剪辑上添加视频效果

3　打开效果控件面板，可以对时间轴窗口中当前选择和素材剪辑上应用的视频效果进行设置，如图 5-2 所示。

4　使用鼠标按住并拖动，或直接修改选项后面的参数值，即可对该选项所对应的视频效果进行调整。对于不再需要的视频效果，可以通过选择后单击鼠标右键并选择"清除"命令，或直接按"Delete"键删除。

5　对于需要保留但暂时不需要的视频效果，可以单击该效果前面的"切换效果开关" █ 按钮，将其变为关闭状态 █，即可关闭该效果在素材剪辑上的应用。

6　单击效果名称的后面的"设置"按钮 █，可以在打开对话框中对该效果的参数选项进行更细致的设置，如图 5-3 所示。

图 5-2　添加的视频效果

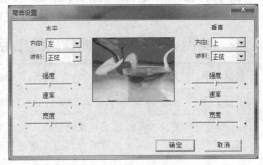

图 5-3　设置视频效果的具体参数

7　单击"设置"按钮后面的"重置"按钮 █，可以将修改后的效果参数恢复到添加时的初始默认值。

8　在编辑工作中，可以为一个素材剪辑添加多个视频效果。Premiere 将根据这些视频效果在效果控件面板中从上到下的顺序对当前素材剪辑进行处理。按住一个视频效果向上或向下拖动到需要的排列位置（素材剪辑的基本属性选项不可移动），在素材剪辑上生成的特效处理效果也将发生对应的变化，如图 5-4 所示。

9　在时间轴窗口中的素材剪辑上显示出需要调整的效果选项控制线后，按住并上下拖动，也可以增加或降低所选效果选项的参数值，如图 5-5 所示。

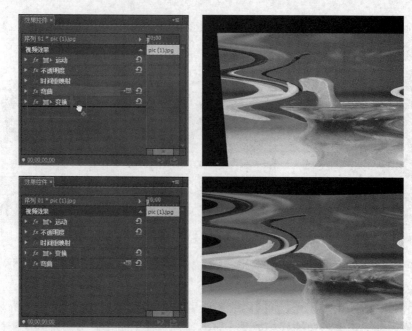

图 5-4　调整视频效果应用顺序

图 5-5　在时间轴窗口中调整效果参数

5.1.2　实例 2　变换类视频效果的应用

素材目录	光盘\实例文件\第 5 章\实例 5.1.2\Media\
项目文件	光盘\实例文件\第 5 章\实例 5.1.2\Complete\变换类视频效果的应用.prproj
实例要点	变换类视频效果可以使图像产生二维或者三维的空间变化。本实例所应用的"摄像机视图"效果，用于模仿摄像机的视角范围，可以沿垂直或水平的中轴线进行翻转图像，以表现从不同角度拍摄的效果，也可以通过调整镜头的位置来改变画面的形状，增强空间景深效果

操作步骤

1　在项目窗口中的空白处双击鼠标左键，打开"导入"对话框，选择本实例素材目录中准备的图像文件并导入。新建一个合成序列，将导入的素材加入视频轨道中。

2　在效果面板中展开"视频效果→变换"文件夹，选择"摄像机视图"效果并拖动到视频轨道中的素材剪辑上，如图 5-6 所示。

3　在效果控件面板中展开"摄像机视图"效果的参数选项，单击"填充颜色"后面的颜色块，在弹出的"拾色器"对话框中设置背景色为黑色。按"经度"、"焦距"、"距离"选项前面的"切换动画"按钮 ，为该特效编辑关键帧动画，如图 5-7 所示。

		00:00:00:00	00:00:04:00	00:00:08:00	
⏱	经度	0	50		
⏱	焦距	500	200	90	
⏱	距离	1	10	90	

图 5-6　选取视频效果

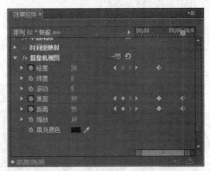

图 5-7　为效果编辑关键帧动画

4 拖动时间指针或按空格键，可以预览编辑完成的视频特效关键帧动画效果，如图 5-8 所示。

图 5-8　预览"摄像机视图"动画效果

变换类视频效果中其他特效的功能分别说明如下：

- 垂直保持：可以使整个画面产生向上滚动的效果。
- 垂直翻转：可以将画面沿水平中心翻转 180°。
- 水平定格：可以使画面产生在垂直方向上倾斜的效果，可以通过设置"偏移"选项的数值来调整图像的倾斜程度。
- 水平翻转：运用该特效，可以将画面沿垂直中心翻转 180°。
- 羽化边缘：运用该特效，可以在画面周围产生像素羽化的效果，通过设置"数量"选项的数值来控制边缘羽化的程度。
- 裁剪：使用该特效可以对素材进行边缘裁剪，修改素材的尺寸。

5.1.3　实例 3　图像控制类视频效果的应用

素材目录	光盘\实例文件\第 5 章\实例 5.1.3\Media\
项目文件	光盘\实例文件\第 5 章\实例 5.1.3\Complete\.prproj
实例要点	图像控制类特效主要用于调整影像的颜色。本实例所应用的"颜色替换"效果，可以在保持灰度不变的情况下，用新的颜色代替选中的色彩以及与之相似的色彩

操作步骤

1 在项目窗口中的空白处双击鼠标左键，打开"导入"对话框，选择本实例素材目录中准备的图像文件并导入。新建一个合成序列，将导入的素材加入视频轨道中。

2 在效果面板中展开"视频效果→图像控制"文件夹，选择"颜色替换"效果并拖动到视频轨道中的素材剪辑上。

3 在效果控件面板中展开"颜色替换"效果的参数选项，单击"目标颜色"后面的吸管按钮，然后在节目监视器窗口中的花朵图像上选择需要替换的红色，如图 5-9 所示。

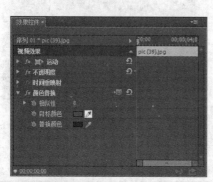

图 5-9 吸取要替换的颜色

4 单击"替换颜色"后面的颜色块，在弹出的"拾色器"对话框中设置替换色为粉紫色，如图 5-10 所示。

5 按下"相似性"选项前面的"切换动画"按钮，为其设置从开始到第 4 秒，数值从 0~40 的关键帧动画，如图 5-11 所示。

图 5-10 选取视频效果   图 5-11 为效果编辑关键帧动画

6 拖动时间指针或按空格键，可以预览编辑完成的视频特效关键帧动画效果，如图 5-12 所示。

图 5-12 预览"摄像机视图"动画效果

变换类视频效果中其他特效的功能分别说明如下：

- 灰度系数校正：运用该特效，通过调整"灰度系数"参数的数值，可以在不改变图像高亮区域和低亮区域的情况下，使图像变亮或变暗。
- 颜色平衡：运用该特效，可以按 RGB 颜色调节影片的颜色，校正或改变图像的色彩。
- 颜色过滤：运用该特效，可以将图像中没有被选中的颜色范围变为灰度色，选中的色彩范围保持不变。
- 黑白：运用该特效，可以直接将彩色图像转换成灰度图像。

5.1.4　实例 4　扭曲类视频效果的应用

素材目录	光盘\实例文件\第 5 章\实例 5.1.4\Media\
项目文件	光盘\实例文件\第 5 章\实例 5.1.4\Complete\扭曲类视频效果的应用.prproj
实例要点	扭曲类特效主要用于对图像进行几何变形。本实例所应用的"紊乱置换"效果，可以对素材图像进行多种方式的扭曲变形，得到丰富的变化效果

操作步骤

1　在项目窗口中的空白处双击鼠标左键，打开"导入"对话框，选择本实例素材目录中准备的图像文件并导入。新建一个合成序列，将导入的素材加入视频轨道中，并将其持续时间延长到 10 秒。

2　在效果面板中展开"视频效果→扭曲"文件夹，选择"紊乱置换"效果并拖动到视频轨道中的素材剪辑上。

3　在效果控件面板中展开"紊乱置换"效果的参数选项，单击"置换"选项，在弹出的下拉列表中选择"凸出较平滑"选项，确定特效对图像的扭曲变形方式。按"数量"、"大小"、"复杂度"选项前面的"切换动画"按钮，为该特效编辑关键帧动画，如图 5-13 所示。

		00:00:00:00	00:00:03:00	00:00:06:00	00:00:08:00	00:00:10:00
	数量	0	100	200	-500	0
	大小	2	20	40	3	2
	复杂度	1	2		5	1

图 5-13　为效果编辑关键帧动画

4　拖动时间指针或按空格键，可以预览编辑完成的视频特效关键帧动画效果，如图 5-14 所示。

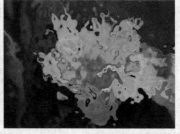

图 5-14 预览"紊乱置换"动画效果

扭曲类视频效果中其他特效的功能分别说明如下：

● Warp Stabilizer（抖动稳定）：在使用手持摄像机的方式拍摄视频时，拍摄得到的视频常常会有比较明显的画面抖动。该特效用于对视频画面因为拍摄时的抖动造成的不稳定进行修复处理，减轻画面播放时的抖动问题。需要注意的是，在应用该特效时，需要素材的视频属性与序列的视频属性保持相同。在操作时，需要准备与合成序列相同视频属性的素材，或者将合成序列的视频属性修改为与所使用视频素材的视频属性一致。另外，要进行处理的视频素材最好是固定位置拍摄的同一背景画面，否则程序可能无法进行稳定处理的分析。在为视频素材应用了该特效后，可以在效果控件面板中设置其选项参数，如图 5-15 所示。

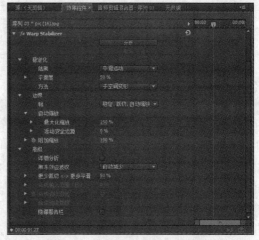

图 5-15 Warp Stabilizer 设置选项

➢ 分析/取消：单击"分析"按钮，开始对视频播放时前后帧的画面抖动差异进行分析。如果合成序列与视频素材的视频属性一致，在分析完成后，将显示为"应用"，单击该按钮即可应用当前的特效设置；单击"取消"按钮可以中断或取消抖动分析。

➢ 结果：在该下拉列表中可以选择采用何种方式进行画面稳定的运算处理。选择"平滑运动"，则可以允许保留一定程度的画面晃动，使晃动变得平滑，可以在下面的"平滑度"选项中设置平滑程度，数值越大，平滑处理越好；选择"不运动"，则以画面的主体图像作为整段视频画面的稳定参考，对后续帧中因为抖动而产生位置、角度等的差异，通过细微的缩放、旋转调整，得到最大化稳定效果。

➢ 方法：根据视频素材中画面抖动的具体问题，可以在此下拉列表中选择对应的处理方法，包括"位置"、"位置，缩放，旋转"、"透视"、"子空间变形"。例如，如果视频素材的画面抖动主要是上下、左右的晃动，则选择"位置"选项即可；如果抖动较为剧烈且有角度、远近等细微变化，则选择"子空间变形"选项可以得到更好的稳定效果。

➢ 帧：在对视频画面应用所选"方法"的稳定处理后，将会出现因为旋转、缩放、移动了帧画面而出现的画面边缘不整齐的问题，可以在此选择对所有帧的画面边

　　缘进行整齐的方式，包括"仅稳定"、"稳定，裁切"、"稳定，裁切，自动缩放"、
"稳定、合成边缘"。例如，选择"仅稳定"，则保留各帧画面边缘的原始状态；选
择"稳定，裁切，自动缩放"，则可以对画面边缘进行裁切整齐、自动匹配合成序
列画面尺寸的处理。

> 最大化缩放：该选项只在上一个选项中选择了"稳定，裁切，自动缩放"时可用，
通过对帧画面进行缩放匹配稳定时的最大放大限度。

> 活动安全边距：该选项只在上一个选项中选择了"稳定，裁切，自动缩放"时可
用，在对帧画面进行缩放、裁切时，保持帧边缘向内的安全距离百分比，以确保
需要的主体对象不被缩放或裁切出画面外，其功能是对"最大化缩放"应用的约
束，防止对画面的缩放或裁切量过大。

> 附加缩放：设置对帧画面稳定处理后的二次辅助缩放调整。

> 详细分析：勾选该选项，可以重新对视频素材进行更精细的稳定处理分析。

> 果冻效应波纹：在该选项的下拉列表中，选择因为缩放、旋转调整产生的画面场
序波纹加剧问题的处理方式，包括"自动减少"和"增强减少"。

> 更少裁切<->更多平滑：在此设置较小的数值，则执行稳定处理时偏向保持画面完
整性，稳定效果也较好；设置较大的数值，则执行稳定处理时偏向使画面更稳定、
平滑，但对视频画面的处理会有更多的缩放或旋转处理，会降低画面质量。

> 合成输入范围：在"帧"选项中选择"稳定、合成边缘"时可用，设置从视频素
材的第几帧开始进行分析。

> 合成边缘羽化：在"帧"选项中选择"稳定、合成边缘"时可用，设置在对帧画
面边缘进行缩放、裁切处理后的羽化程度，以使画面边缘的像素变得平滑。

> 合成边缘裁切：可以在展开此选项后，手动设置对各边缘的裁切距离，可以得到
更清晰整齐的边缘，单位为像素。

- 位移：根据设置的偏移量对图像进行水平或垂直方向位移，移出的图像将在对面的方
向显示。

- 变换：可以对图像的位置、尺寸、透明度、倾斜度等进行综合设置。

- 弯曲：可以使影片画面在水平或垂直方向产生弯曲变形的效果。

- 放大：可以对图像中的指定区域进行放大。

- 旋转：可以使图像产生沿中心轴旋转的效果。

- 果冻效应复位：可以对视频素材的场序类型进行更改设置，以得到需要的匹配效果，
或降低隔行扫描视频素材的画面闪烁。

- 波形变形：该特效类似"弯曲"效果，可以对波纹的形状、方向及宽度等进行详细的
设置。

- 球面化：可以在素材图像中制作球面变形的效果，类似用鱼眼镜头拍摄的照片效果。

- 边角定位：通过参数设置重新定位图像的 4 个顶点位置，得到对图像扭曲变形的
效果。

- 镜像：可以将图像沿指定角度的射线进行反射，制作镜像的效果。

- 镜头扭曲：可以将图像四角进行弯折，制作镜头扭曲的效果。

5.1.5　实例 5　时间类视频效果的应用

素材目录	光盘\实例文件\第 5 章\实例 5.1.5\Media\
项目文件	光盘\实例文件\第 5 章\实例 5.1.5\Complete\时间类视频效果的应用.prproj
实例要点	时间类特效用于对动态素材的时间特性进行控制。本实例所应用的"残影"效果，可以将动态素材中不同时间的多个帧同时进行播放，产生动态残影效果

操作步骤

1　在项目窗口中的空白处双击鼠标左键，打开"导入"对话框，选择本实例素材目录中准备的视频素材文件并导入。

2　在项目窗口中导入的素材上单击鼠标右键并选择"从剪辑新建序列"命令，以该素材的视频属性创建一个合成序列，如图 5-16 所示。为了方便对比应用视频特效前后的效果，将该素材再一次加入到视频轨道中并对齐好位置，如图 5-17 所示。

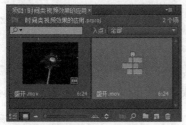
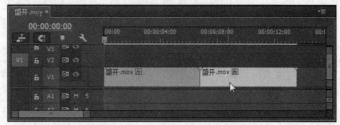

图 5-16　从剪辑新建序列　　　　　图 5-17　加入素材到视频轨道中

3　在效果面板中展开"视频效果→时间"文件夹，选择"残影"效果并拖动到视频轨道中的第二段素材剪辑上。

4　在效果控件面板中展开"残影"效果的参数选项，可以通过设置"残影时间（秒）"来确定所产生残影图像与视频原图像之间的相对时间位置。在"残影运算符"下拉列表中，可以设置所生成残影与原图像之间的混合模式，不同的运算方式会产生不同的图像效果，如图 5-18 所示。

5　拖动时间指针或按空格键，可以对添加了"残影"特效的视频剪辑效果进行预览，如图 5-19 所示。

图 5-18　设置特效参数　　　　图 5-19　同一画面在应用特效前后的对比

时间类视频效果中其他特效的功能说明如下：

- 抽帧时间：该特效可以为动态素材指定一个新的帧速率进行播放，产生"跳帧"的效果。与修改素材剪辑的持续时间不同，使用此特效不会更改素材剪辑的持续时间，也不会产生快放或慢放效果。该特效只有一项"帧速率"参数，新指定的帧速率高于素材剪辑本身的帧速率时无变化；新指定的帧速率低于素材剪辑的帧速率时，程序会自动计算出要播放的下一帧的位置，跳过中间的一些帧，以保证与素材原本相同的持续时间播放完整段素材剪辑，同时对素材剪辑的音频内容不产生影响。

5.1.6　实例 6　杂色与颗粒类视频效果的应用

素材目录	光盘\实例文件\第 5 章\实例 5.1.6\Media\
项目文件	光盘\实例文件\第 5 章\实例 5.1.6\Complete\杂色与颗粒类视频效果的应用.prproj
实例要点	杂色与颗粒类特效主要用于对图像进行柔和处理，去除图像中的噪点，或在图像上添加杂色效果等。本实例所应用的"蒙尘与划痕"效果，可以在图像上生成类似蒙上灰尘的杂色均化效果，通过参数设置，可以模拟出成片像素蕴结的效果

操作步骤

1　在项目窗口中的空白处双击鼠标左键，打开"导入"对话框，选择本实例素材目录中准备的视频素材文件并导入。

2　在项目窗口中导入的素材上单击鼠标右键并选择"从剪辑新建序列"命令，以该素材的视频属性创建一个合成序列。为了方便对比应用视频特效前后的效果，将该素材再一次加入到视频轨道中并对齐好位置。

3　在效果面板中展开"视频效果→杂色与颗粒"文件夹，选取"蒙尘与划痕"效果并拖动到视频轨道中的第二段素材剪辑上，如图 5-20 所示。

图 5-20　加入素材到视频轨道中

4　在效果控件面板中展开"蒙尘与划痕"效果的参数选项，可以通过设置"半径"选项的数值确定要均化处理的像素范围。通过设置"阈值"选项的参数调整杂色处理的影响程度，数值越大，杂色的影响越小，图像越清晰，如图 5-21 所示。

5　拖动时间指针或按空格键，对添加了"蒙尘与划痕"特效的视频剪辑效果进行预览，如图 5-22 所示。

杂色与颗粒类视频效果中其他特效的功能分别说明如下：

- 中间值：运用该特效，可以将图像的每一个像素都用它周围像素的 RGB 平均值来代替，以减轻图像上的杂色噪点问题．设置较大的"半径"数值，可以使图像产生类似水粉画的效果。
- 杂色：该特效可以在画面中添加模拟的噪点效果。

图 5-21 设置特效参数

图 5-22 同一画面在应用特效前后的对比

- 杂色 Alpha：该特效用于在图像的 Alpha 通道中生成杂色。
- 杂色 HLS：该特效可以在图像中生成杂色效果后，对杂色噪点的亮度、色调及饱和度进行设置。
- 杂色 HLS 自动：该特效与"杂色 HLS"相似，只是在设置参数中多了一个"杂色动画速度"选项，通过为该选项设置不同数值，可以得到不同杂色噪点以不同运动速度运动的动画效果。

5.1.7 实例 7 模糊和锐化类视频效果的应用

素材目录	光盘\实例文件\第 5 章\实例 5.1.7\Media\
项目文件	光盘\实例文件\第 5 章\实例 5.1.7\Complete\模糊和锐化类视频效果的应用.prproj
实例要点	模糊与锐化类特效主要用于调整画面的模糊和锐化效果。本实例应用的"复合模糊"效果可以将其他视频轨道中图像的像素明度作为效果范围进行柔化模糊处理，得到类似移轴摄影的特殊效果

操作步骤

1 在项目窗口中的空白处双击鼠标左键，打开"导入"对话框，选择本实例素材目录中准备的所有素材文件并导入。

2 在项目窗口中导入的视频素材上单击鼠标右键并选择"从剪辑新建序列"命令，以该素材的视频属性创建一个合成序列，如图 5-23 所示。

3 在新建序列的时间轴窗口，将视频 1 轨道中的视频素材剪辑向上移动到视频 2 轨道中，然后将项目窗口中的视频素材加入视频 2 轨道中并对齐好位置，以方便在后面对应用视频特效前后的效果进行对比。

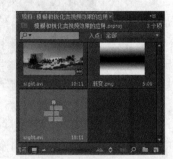

图 5-23 从剪辑新建序列

4 将项目窗口中的图像素材加入视频 1 轨道中并延长其持续时间到与视频 2 轨道中的素材剪辑对齐，如图 5-24 所示。

5 在效果面板中展开"视频效果→模糊和锐化"文件夹，选择"复合模糊"效果并拖动到视频轨道中的第二段素材剪辑上。

6 在效果控件面板中展开"复合模糊"效果的参数选项，在"模糊图层"下拉列表中选择视频 1 轨道中的剪辑影像作为模糊，设置"最大模糊"选项的数值为 10，并勾选"伸缩对

应图以适应"复选框，使所选视频轨道中的素材图像自动调整到合适的尺寸，如图 5-25 所示。

图 5-24　在时间轴窗口中编排素材　　　　　　　图 5-25　设置效果参数

7　拖动时间指针或按空格键，对添加了"复合模糊"特效的视频剪辑效果进行预览，如图 5-26 所示。

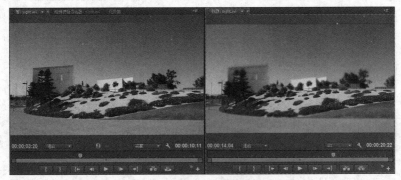

图 5-26　同一画面在应用特效前后的对比

模糊与锐化类视频效果中其他特效的功能分别说明如下：

- 快速模糊：可以直接生成简单的图像模糊效果，渲染速度更快。
- 方向模糊：可以使图像产生指定方向的模糊，类似运动模糊效果。
- 消除锯齿：该特效没有参数选项，可以使图像中的成片色彩像素的边缘变得更加柔和。
- 相机模糊：可以使图像产生类似相机拍摄时没有对准焦距的"虚焦"效果，通过设置其唯一的"百分比模糊"参数来控制模糊的程度。
- 通道模糊：可以对素材图像的红、绿、蓝或 Alpha 通道单独进行模糊。
- 重影：该特效无参数，可以将动态素材中前几帧的图像以半透明的形式覆盖在当前帧上，产生重影效果。
- 锐化：通过设置"锐化量"参数，可以增强相邻像素间的对比度，使图像变得清晰。
- 非锐化遮罩：该特效用于调整图像的色彩锐化程度。
- 高斯模糊：该特效与"快速模糊"相似，可以更大幅度地模糊图像，使图像产生不同程度的虚化效果。

5.1.8　实例 8　生成类视频效果的应用

素材目录	光盘\实例文件\第 5 章\实例 5.1.8\Media\
项目文件	光盘\实例文件\第 5 章\实例 5.1.8\Complete\.prproj
实例要点	生成类特效主要是对光和填充色的处理应用，使画面看起来具有光感和动感。本实例所应用的"镜头光晕"效果，可以在图像上模拟出相机镜头拍摄的强光折射效果

操作步骤

1 在项目窗口中的空白处双击鼠标左键，打开"导入"对话框，选择本实例素材目录中准备的图像文件并导入。新建一个合成序列，将导入的素材加入视频轨道中。

2 在效果面板中展开"视频效果→生成"文件夹，选取"镜头光晕"效果并拖动到视频轨道中的素材剪辑上。

3 在效果控件面板中展开"镜头光晕"效果的参数选项，在"镜头类型"下拉列表中选择一个镜头焦距，可以生成对应的镜头光晕效果。设置"光晕强度"为110%，然后按"光晕中心"选项前面的"切换动画"按钮，为该特效编辑关键帧动画，如图 5-27 所示。

		00:00:00:00	00:00:02:15	00:00:04:29
	光晕中心	100，400	250,200	650,110

图 5-27　为效果编辑关键帧动画

4 拖动时间指针或按空格键，预览编辑完成的视频特效关键帧动画效果，如图 5-28 所示。

图 5-28　预览"镜头光晕"动画效果

生成类视频效果中其他特效的功能分别说明如下：

- 闪电：可以在图像上产生类似闪电或电火花的光电效果。
- 网格：可以在图像上创建自定义的网格效果。
- 渐变：可以在图像上叠加一个双色渐变填充的蒙版。
- 油漆桶：该特效用于将图像上指定区域的颜色替换成另外一种颜色。
- 椭圆：可以在图像上创建一个椭圆形的光圈图案效果。
- 棋盘：可以在图像上创建一种棋盘格的图案效果。
- 圆形：该特效用于在图像上创建一个自定义的圆形或圆环。
- 四色渐变：可以设置 4 种互相渐变的颜色来填充图像。
- 吸管填充：提取采样坐标点的颜色填充整个画面。设置与原始图像的混合度，可以得到整体画面的偏色效果。

- 单元格图案：在图像上模拟生成不规则的单元格效果。在 "单元格图案"下拉列表中选择要生成单元格的图案样式，包含了"气泡"、"晶体"、"印板"、"静态板"、"晶格化"、"枕状"、"管状"等 12 种图案模式。
- 书写：可以在图像上创建画笔运动的关键帧动画并记录其运动路径，模拟出书写绘画效果。

5.1.9　实例 9　调整类视频效果的应用

素材目录	光盘\实例文件\第 5 章\实例 5.1.9\Media\
项目文件	光盘\实例文件\第 5 章\实例 5.1.9\Complete\调整类视频效果的应用.prproj
实例要点	调整类特效主要用于对图像的颜色进行调整，修正图像中存在的颜色缺陷，或者增强某些特殊效果。本实例所应用的"ProcAmp"效果，可以同时对图像的亮度、对比度、色相、饱和度进行调整，并可以设置只在图像中的部分范围应用效果，生成图像调整的对比效果

操作步骤

1　在项目窗口中的空白处双击鼠标左键，打开"导入"对话框，选择本实例素材目录中准备的视频素材文件并导入。

2　在项目窗口中导入的素材上单击鼠标右键并选择"从剪辑新建序列"命令，以该素材的视频属性创建一个合成序列。为了方便对比应用视频特效前后的效果，将该素材再一次加入到视频轨道中并对齐好位置。

3　在效果面板中展开"视频效果→调整"文件夹，选择"ProcAmp"效果并拖动到视频轨道中的第二段素材剪辑上。

4　在效果控件面板中展开"ProcAmp"效果的参数选项，设置"亮度"为 10，提高画面的亮度。设置"对比度"为 125，增强图像中像素的对比度。设置"饱和度"为 140，提高图像中的色彩浓度。勾选"拆分屏幕"复选框，在下面的"拆分百分比"选项中输入需要的数值，设置特效在水平方向上的应用范围百分比，然后按"色相"选项前面的"切换动画"按钮，为该特效编辑在进入剪辑时到剪辑出点之间的色彩变化动画，如图 5-29所示。

		00:00:09:02	00:00:18:03
	色相	0.0°	1x0.0°

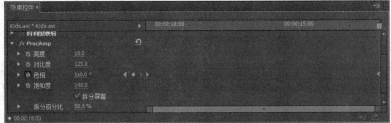

图 5-29　为效果编辑关键帧动画

5　拖动时间指针或按空格键，预览编辑完成的视频特效关键帧动画效果，如图 5-30所示。

图 5-30 预览"ProcAmp"特效应用效果

调整类视频效果中其他特效的功能分别说明如下：

- 光照效果：可以在图像上添加灯光照射的效果，通过对灯光的类型、数量、光照强度等进行设置，模拟逼真的灯光效果。
- 卷积内核：该特效可以改变素材中每个亮度级别的像素的明暗度。
- 提取：在视频素材中提取颜色，生成一个有纹理的灰度蒙版，可以通过定义灰度级别来控制应用效果。
- 自动对比度：该特效用于对素材图像的色彩对比度进行调整。
- 自动色阶：对素材图像的色阶亮度进行自动调整，其参数选项与"自动对比度"效果的选项基本相同。
- 自动颜色：对素材图像的色彩进行自动调整，其参数选项与"自动对比度"效果的选项基本相同。
- 色阶：该特效用于调整图像的亮度和对比度。
- 阴影/高光：对素材中的阴影和高光部分进行调整，包括阴影和高光的数量、范围、宽度及色彩修正等。

5.1.10　实例 10　过渡类视频效果的应用

素材目录	光盘\实例文件\第 5 章\实例 5.1.10\Media\
项目文件	光盘\实例文件\第 5 章\实例 5.1.10\Complete\过渡类视频效果的应用.prproj
实例要点	过渡类特效的图像效果与应用视频过渡的效果相似，清除上层图像后显示出下层图像。不同的是过渡类特效默认是对整个素材图像进行处理。也可以通过创建关键帧动画编辑素材之间、视频轨道之间的图像连接过渡效果。本实例所应用的"百叶窗"效果，可以通过对图像进行百叶窗式的分割，形成图层之间的过渡切换

操作步骤

1　在项目窗口中的空白处双击鼠标左键，打开"导入"对话框，选择本实例素材目录中准备的图像文件并导入。新建一个合成序列，将导入的素材加入到视频 1 和视频 2 轨道中，并延长它们的持续时间到 10 秒，如图 5-31 示。

2　在效果面板中展开"视频效果→过渡"文件夹，选择"百叶窗"效果并拖动到视频 2 轨道中的图像素材剪辑上。

3　在效果控件面板中展开"百叶窗"效果的参数选项，按"过渡完成"、"方向"、"宽度"选项前面的"切换动画"按钮，为该特效编辑过渡效果的关键帧动画，如图 5-32 所示。

图 5-31　编排素材剪辑并调整持续时间

		00:00:00:00	00:00:04:00	00:00:08:00
⏱	过渡完成	0%		100%
⏱	方向	0°		180°
⏱	宽度	20	50	20

图 5-32　为效果编辑关键帧动画

4　拖动时间指针或按空格键，预览编辑完成的视频特效关键帧动画效果，如图 5-33 所示。

图 5-33　预览"百叶窗"动画效果

过渡类视频效果中其他特效的功能分别说明如下：

- 块溶解：可以在图像上产生随机的方块对图像进行溶解。
- 径向擦除：可以围绕指定点以旋转的方式将图像擦除。
- 渐变擦除：可以根据两个图层的亮度值建立一个渐变层，在指定层和原图层之间进行渐变切换。
- 线性擦除：通过线条划过的方式，在图像上形成擦除效果。

5.1.11　实例 11　透视类视频效果的应用

素材目录	光盘\实例文件\第 5 章\实例 5.1.11\Media\
项目文件	光盘\实例文件\第 5 章\实例 5.1.11\Complete\透视类视频效果的应用.prproj
实例要点	透视类特效可以对图像进行空间变形，看起来具有立体空间的效果。本实例所应用的"斜角边"效果，可以使图像四周产生斜边框的立体凸出效果

操作步骤

　　1　在项目窗口中的空白处双击鼠标左键，打开"导入"对话框，选择本实例素材目录中准备的图像文件并导入。新建一个合成序列，将导入的素材加入视频轨道中，并延长其持续时间到 10 秒。

　　2　在效果面板中展开"视频效果→透视"文件夹，选择"斜角边"效果并拖动到视频轨道中的素材剪辑上。

　　3　在效果控件面板中展开"斜角边"效果的参数选项，按"边缘厚度"、"光照角度"、"光照强度"选项前面的"切换动画"按钮，为该特效编辑过渡效果的关键帧动画，如图 5-54 所示。

		00:00:00:00	00:00:04:00	00:00:06:00	00:00:09:00
⏱	边缘厚度	0.0	0.25	0.25	0.0
⏱	光照角度		-60.0°	60°	-60.0°
⏱	光照强度		0.40	0.80	0.40

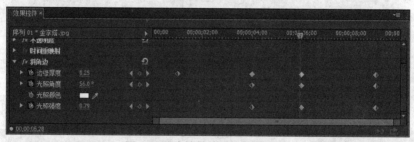

图 5-54　为效果编辑关键帧动画

　　4　拖动时间指针或按空格键，预览编辑完成的视频特效关键帧动画效果，如图 5-55 所示。

图 5-55　预览"镜头光晕"动画效果

透视类视频效果中其他特效的功能分别说明如下：

- 基本 3D：可以在一个虚拟的三维空间中操作图像。在该虚拟空间中，图像可以绕水平和垂直的轴转动，还可以产生图像运动的移动效果，以及在图像上增加反光的效果，从而产生更逼真的空间特效。
- 投影：可以为图像添加阴影效果。
- 放射阴影：该特效将产生在指定位置产生的光源照射到图像上，在下层图像上投射出阴影的效果。
- 斜面 Alpha：可以使图像中的 Alpha 通道产生斜面效果，如果图像中没有保护 Alpha 通道，则直接在图像的边缘产生斜面效果，其设置选项与"斜角边"相同。

5.1.12　实例 12　通道类视频效果的应用

素材目录	光盘\实例文件\第 5 章\实例 5.1.12\Media\
项目文件	光盘\实例文件\第 5 章\实例 5.1.12\Complete\通道类视频效果的应用.prproj
实例要点	通道类特效可以对素材的通道进行处理，实现图像颜色、色调、饱和度和亮度等颜色属性的改变。本实例所应用的"反转"效果，可以将指定通道的颜色反转成相应的补色，对图像的颜色信息进行反相

操作步骤

1　在项目窗口中的空白处双击鼠标左键，打开"导入"对话框，选择本实例素材目录中准备的图像文件并导入。新建一个合成序列，将导入的素材加入视频轨道中并延长其持续时间到 12 秒。

2　在效果面板中展开"视频效果→通道"文件夹，选择"反转"效果并拖动到视频轨道中的素材剪辑上。

3　在效果控件面板中展开"反转"效果的参数选项，按"声道"选项前面的"切换动画"按钮，然后在第 1 秒到第 9 秒之间的每一秒选择一个不同的图像通道类型，为"与原图像混合"选项创建关键帧动画，如图 5-56 所示。

		00:00:00:00	00:00:01:00	00:00:09:00	00:00:11:00
	与原图像混合	100%	0%	0%	100%

图 5-56　为效果编辑关键帧动画

4　拖动时间指针或按空格键，预览编辑完成的视频特效关键帧动画效果，如图 5-57 所示。

图 5-57　预览"镜头光晕"动画效果

通道类视频效果中其他特效的功能分别说明如下：

- 复合运算：可以用数学运算的方式合成当前层和指定层的图像。
- 混合：可以将当前图像与指定轨道中的素材图像进行混合。

- 算术：可以对图像的色彩通道进行简单的数学运算。
- 纯色合成：可以应用一种设置的颜色与图像进行混合。
- 计算：通过混合指定的通道来进行颜色的调整。
- 设置遮罩：以当前层中的 Alpha 通道取代指定层中 Alpha 通道，使之产生运动屏蔽的效果。

5.1.13 实例 13 键控类视频效果的应用

素材目录	光盘\实例文件\第 5 章\实例 5.1.13\Media\
项目文件	光盘\实例文件\第 5 章\实例 5.1.13\Complete\键控类视频效果的应用.prproj
实例要点	键控类特效主要用在有两个重叠的素材图像时产生各种叠加效果，以及清除图像中指定部分的内容，形成抠像效果。本实例所应用的"亮度键"效果，可以将生成图像中的灰度像素设置为透明，并且保持色度不变，最适用于清除黑色像素

操作步骤

1 在项目窗口中的空白处双击鼠标左键，打开"导入"对话框，选择本实例素材目录中准备的素材文件并导入。新建一个合成序列，将导入的视频素材分两次加入到视频 2 轨道中，再将图像素材加入视频 1 轨道中并延长其持续时间到与视频 2 中的剪辑对齐，如图 5-58 所示。

图 5-58 编排素材并调整持续时间

2 在效果面板中展开"视频效果→键控"文件夹，选择"亮度键"效果并拖动到视频 2 轨道中的第二段视频素材剪辑上。

3 在效果控件面板中展开"亮度键"效果的参数选项，可以通过"阈值"参数来对图像中的灰度像素清除程度进行设置。设置该数值为 25%，即可使原视频图像中的黑色背景变透明，如图 5-59 所示。

 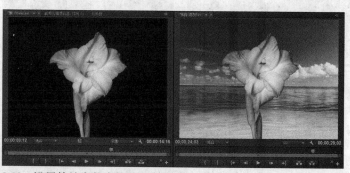

图 5-59 设置特效参数来清除黑色背景

键控类视频效果中其他特效的功能分别说明如下：

- 16 点无用信号遮罩：通过在图像的每个边上安排 4 个控制点来得到 16 个控制点，通过对每个点的位置修改编辑遮罩形状，改变图像的显示形状。
- 4 点无用信号遮罩：通过在图像的 4 个角上安排控制点，通过对每个点的位置修改编辑遮罩形状。
- 8 点无用信号遮罩：通过在图像的边缘上安排 8 个控制点，通过对每个点的位置修改编辑遮罩形状。
- Alpha 调整：可以应用上层图像中的 Alpha 通道来设置遮罩叠加效果。
  - ➤ RGB 差异键：可以将图像中所指定的颜色清除，显示出下层图像。
  - ➤ 图像遮罩键：通过单击该效果名称的后面"设置"按钮▣，在打开的对话框中选择一个外部素材作为遮罩，控制两个图层中图像的叠加效果。遮罩素材中的黑色所叠加部分变为透明，白色部分不透明，灰色部分不透明。
- 差值遮罩：可以叠加两个图像中相互不同部分的纹理，保留对方的纹理颜色。
- 极致键：可以将图像中的指定颜色范围生成遮罩，并通过参数设置对遮罩效果进行精细调整，得到需要的抠像效果。
- 移除遮罩：用于清除图像遮罩边缘的白色残留或黑色残留，是对遮罩处理效果的辅助处理，如图 5-95 所示。
- 色度键：可以将图像上的某种颜色及其相似范围的颜色处理为透明，显示出下层的图像，适用于有纯色背景的画面抠像。
- 蓝屏键：可以清除图像中蓝色像素，在影视编辑工作中常用于进行蓝屏抠像。
- 轨道遮罩键：可以将当前图层之上的某一轨道中的图像指定为遮罩素材来完成与背景图像的合成。
- 非红色键：该特效用于去除图像中除红色以外的其他颜色，即蓝色或绿色。
- 颜色键：该特效可以将图像中指定颜色的像素清除，是三种常用的抠像特效之一。

5.1.14 实例 14 颜色校正类视频效果的应用

素材目录	光盘\实例文件\第 5 章\实例 5.1.14\Media\
项目文件	光盘\实例文件\第 5 章\实例 5.1.14\Complete\颜色校正类视频效果的应用.prproj
实例要点	颜色校正类特效主要用于对素材图像进行颜色的校正。本实例所应用的"分色"效果，可以清除图像中指定颜色以外的其他颜色，将其变为灰度色

🐾 操作步骤

1 在项目窗口中的空白处双击鼠标左键，打开"导入"对话框，选择本实例素材目录中准备的视频文件并导入。新建一个合成序列，将导入的素材加入视频轨道中。

2 在效果面板中展开"视频效果→颜色校正"文件夹，选择"分色"效果并拖动到视频轨道中的素材剪辑上。

3 在效果控件面板中展开"分色"效果的参数选项，单击"要保留的颜色"选项后面的吸管按钮，在鼠标光标改变形状后，在节目监视器窗口中的红色花朵上单击鼠标左键吸取要保留的红色，然后设置"容差"选项的数值为 20%，并设置"边缘柔和度"为 5%，如图 5-60 所示。

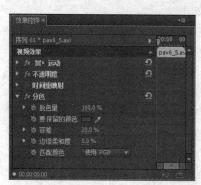

图 5-60　设置效果参数

4　按"脱色量"选项前面的"切换动画"按钮，设置在开始时的关键帧数值为 0，在第 5 秒添加关键帧并设置其数值为 100%，得到视频画面中红色以外像素色彩逐渐变成灰度色的动画。

5　拖动时间指针或按空格键，预览编辑完成的视频特效关键帧动画效果，如图 5-61 所示。

图 5-61　预览"分色"动画效果

颜色校正类视频效果中其他特效的功能分别说明如下：

- Lumetri：为素材图像应用该特效后，在效果控件面板中该效果名称的后面单击"设置"按钮，在打开的对话框中选择外部 Lumetri looks 颜色分级引擎链接文件，应用其中的色彩校正预设项目，对图像进行色彩校正。Premiere Pro CC 中预置了部分 Lumetri 颜色校正引擎特效，可以在效果面板中直接选取应用。

- RGB 曲线：该特效通过曲线调整红色、绿色和蓝色通道中的数值，达到改变图像色彩的目的。颜色校正类特效的选项参数中的"辅助颜色校正"选项，主要用于设置二级色彩修正。

- RGB 颜色校正器：该特效主要通过修改 RGB 三个色彩通道的参数，实现图像色彩的改变。

- 三向色彩校正器：该特效通过旋转阴影、中间调、高光这三个控制色盘来调整颜色的平衡，并同时可以对图像的色彩饱和度、色阶亮度等进行调节。

- 亮度与对比度：该特效用于直接调整素材图像的亮度和对比度。

- 亮度曲线：该特效通过调整亮度曲线图实现对图像亮度的调整。

- 亮度校正器：该特效用于对图像亮度进行校正调整，增加或降低图像中的亮度，尤其对中间调作用更明显。

- 均衡：该特效用于对图像中像素的颜色值或亮度等进行平均化处理。

- 广播级颜色：该特效可以校正广播级的颜色和亮度，使影视作品在电视机中进行精确的播放。
- 快速颜色校正器：该特效用于快速地进行图像颜色的修正。
- 更改为颜色：该特效可以将在图像中选定的一种颜色更改为另外一种颜色。
- 更改颜色：运用该特效，可以对图像中指定颜色的色相、亮度、饱和度等进行更改。
- 色调：该特效用于将图像中的黑色调和白色调映射转换为其他颜色。
- 视频限幅器：该特效利用视频限幅器对图像的颜色进行调整。
- 通道混合器：该特效用于对图像中的 R、G、B 颜色通道分别进行色彩通道的转换，实现图像颜色的调整。
- 颜色平衡：该特效用于对图像的阴影、中间调、高光范围中的 R、G、B 颜色通道分别进行增加或降低的调整，实现图像颜色的平衡校正。
- 颜色平衡（HLS）：分别对图像中的色相、亮度、饱和度进行增加或降低调整，实现图像颜色的平衡校正。

5.1.15　实例 15　风格化类视频效果的应用

素材目录	光盘\实例文件\第 5 章\实例 5.15.1\Media\
项目文件	光盘\实例文件\第 5 章\实例 5.15.1\Complete\风格化类视频效果的应用.prproj
实例要点	风格化类特效与 Photoshop 中的风格化类滤镜的应用效果基本相同，主要用于对图像进行艺术风格的美化处理。本实例所应用的"查找边缘"效果，可以对图像中颜色相同的成片像素以线条进行边缘勾勒，模拟出彩色线条绘画的效果

操作步骤

1　在项目窗口中的空白处双击鼠标左键，打开"导入"对话框，选择本实例素材目录中准备的视频文件并导入。新建一个合成序列，将导入的素材加入视频轨道中。

2　在效果面板中展开"视频效果→风格化"文件夹，选择"查找边缘"效果并拖动到视频轨道中的素材剪辑上。

3　在效果控件面板中展开"查找边缘"效果的参数选项，按"反转"选项前面的"切换动画"按钮⬛，在开始位置创建关键帧，然后将时间指针定位到第 9 秒并勾选"反转"复选框，使应用的特效在该位置进行图像色彩反转。

4　按"与原始图像混合"选项前面的"切换动画"按钮⬛，设置在开始时的关键帧数值为 100%，在第 4 秒添加关键帧并设置其数值为 0%，得到视频画面从开始逐渐显现出特效应用效果的动画，如图 5-62 所示。

图 5-62　设置效果参数

5 拖动时间指针或按空格键，预览编辑完成的视频特效关键帧动画效果，如图 5-63 所示。

图 5-63 预览"查找边缘"动画效果

风格化类视频效果中其他特效的功能分别说明如下：

- Alpha 辉光：该特效对含有 Alpha 通道的图像素材起作用，可以在 Alpha 通道的边缘向外生成单色或双色过渡的辉光效果。
- 复制：该特效只有一个"计数"参数，用以设置对图像画面的复制数量，复制得到的每个区域都将显示完整的画面效果。
- 彩色浮雕：该特效可以将图像画面处理成类似轻浮雕的效果。
- 抽帧：该特效可以改变图像画面的色彩层次数量，设置其"级别"选项的数值越大，画面色彩层次越丰富。数值越小，画面色彩层次越少，色彩对比度也越强烈。
- 曝光过度：将画面处理成类似相机底片曝光的效果，"阈值"参数值越大，曝光效果越强烈。
- 浮雕：在画面上产生浮雕效果，同时去掉原有的颜色，只在浮雕效果的凸起边缘保留一些高光颜色。
- 画笔描边：该特效可以模拟画笔绘制的粗糙外观，得到类似油画的艺术效果。
- 粗糙边缘：该特效可以将图像的边缘粗糙化，模拟边缘腐蚀的纹理效果。
- 纹理化：该特效可以用指定图层中的图像作为当前图像的浮雕纹理。
- 闪光灯：该特效可以在素材剪辑的持续时间范围内，将指定间隔时间的帧画面上覆盖指定的颜色，从而使画面在播放过程中产生闪烁效果。
- 阈值：该特效可以将图像变成黑白模式，通过设置"级别"参数，调整图像的转换程度，如图 5-134 所示
- 马赛克：运用该特效，可以在画面上产生马赛克效果，将画面分成若干的方格，每一格都用该方格内所有像素的平均颜色值进行填充。

5.2 项目应用

5.2.1 项目 1 Warp Stabilizer 特效应用——修复视频抖动

素材目录	光盘\实例文件\第 5 章\项目 5.2.1\Media\
项目文件	光盘\实例文件\第 5 章\项目 5.2.1\Complete\修复视频抖动.prproj
输出文件	光盘\实例文件\第 5 章\项目 5.2.1\Export\修复视频抖动.flv

操作点拨	(1) 在时间轴窗口中编排素材剪辑，为方便对两种抖动修复方式应用前后的效果进行对比，在时间轴窗口中安排 3 段剪辑。 (2) 为第二段素材剪辑添加 Warp Stabilizer 效果，应用默认的"平滑运动"方式进行抖动修复。 (3) 为第三段素材剪辑添加 Warp Stabilizer 效果，应用"不运动"方式进行抖动修复，得到去除抖动最好的稳定修复，但也将裁切更多的原图像边缘内容

操作步骤

1　在项目窗口中的空白处双击鼠标左键，打开"导入"对话框，选择本实例素材目录中准备的视频素材文件并导入。

2　在项目窗口中导入的素材上单击鼠标右键并选择"从剪辑新建序列"命令，以该素材的视频属性创建一个合成序列，为了方便对比应用视频特效前后的效果，将该素材再添加两次到视频轨道中并对齐好位置，如图 5-64 所示。

图 5-64　编排素材剪辑

3　在效果面板中展开"视频效果"文件夹，在"扭曲"文件夹中选择 Warp Stabilizer 效果，将其添加到时间轴窗口中的第二段素材剪辑上，程序将自动开始在后台对视频素材进行分析，在分析完成后，应用默认的处理方式（即平滑运动）和选项参数对视频素材进行稳定处理，如图 5-65 所示。

图 5-65　为视频剪辑应用稳定特效

4　选择 Warp Stabilizer 效果，将其添加到时间轴窗口中的第三段素材剪辑上，然后在效果控件面板中单击"取消"按钮，停止程序自动开始的分析。在"结果"下拉列表中选择"不运动"选项，然后单击"分析"按钮，以最稳定的处理方式对第三段视频素材进行分析处理，如图 5-66 所示。

5　分析完成后，按空格键或拖动时间指针进行播放预览，即可查看处理完成的画面抖

动修复效果。可以看到，第一段原始的视频素材剪辑中，手持拍摄的抖动比较剧烈；第二段以"平滑运动"方式进行稳定处理的视频，抖动已经不明显，变成了拍摄角度小幅度平滑移动的效果，整体画面略有放大；第三段视频稳定效果最好，基本没有了抖动，像是固定了摄像机拍摄一样，但整体画面放大得最多，对画面原始边缘的裁切也最多，如图 5-67 所示。

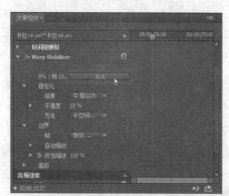

图 5-66　选择"不运动"方式进行抖动修复

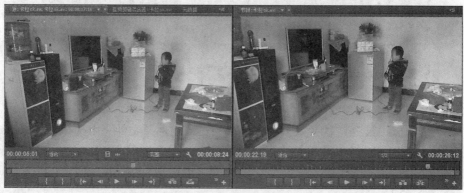

图 5-67　第三个剪辑中与原素材在同一时间位置的画面对比

6　编辑好影片效果后，按"Ctrl+S"键保存工作。执行"文件→导出→媒体"命令，在打开的"导出设置"对话框中设置合适的参数，输出影片文件，如图 5-68 所示。

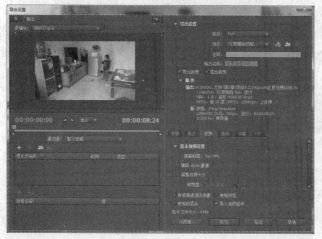

图 5-68　输出影片

5.2.2　项目 2　颜色键特效应用——绿屏抠像合成

素材目录	光盘\实例文件\第 5 章\项目 5.2.2\Media\
项目文件	光盘\实例文件\第 5 章\项目 5.2.2\Complete\绿屏抠像合成.prproj
输出文件	光盘\实例文件\第 5 章\项目 5.2.2\Export\绿屏抠像合成.flv
操作点拨	(1) 导入动态序列图像素材，以该素材的视频属性创建合成序列。 (2) 在时间轴窗口中编排好素材剪辑后，应用"色度键"键控特效。 (3) 在效果控件面板中设置"色度键"效果的选项，参考节目监视器窗口中背景绿色的清除情况调整参数值

操作步骤

1　在项目窗口中的空白处双击鼠标左键，打开"导入"对话框，打开本实例素材目录下的"绿底人像"文件夹，选择其中的第一个图像文件后，勾选下面的"图像序列"复选框，然后单击"打开"按钮，如图 5-69 所示。

2　按"Ctrl+I"键，打开"导入"对话框，选择本实例素材目录下的"海岛.jpg"并导入。

3　在项目窗口中导入的序列图像素材上单击鼠标右键并选择"从剪辑新建序列"命令，以该素材的视频属性创建一个合成序列，如图 5-70 所示。

图 5-69　导入图像序列素材

图 5-70　从剪辑新建序列

4　在监视器窗口中可以查看该图像素材为绿底人像，本实例将清除图像中的绿色像素，得到主体人物与背景画面合成的影像。为了方便对比抠像处理的前后效果，在时间轴窗口中将该素材剪辑移动到视频 2 轨道中，再加入一次该素材并与之相邻排列。

5　从项目窗口中将导入的图像素材加入时间轴窗口中的视频轨道 1 中，并将其入点、出点与视频 2 轨道中的剪辑对齐，如图 5-71 所示。

图 5-71　编排素材剪辑

6　打开效果面板，在"视频效果"文件夹中展开"键控"类特效，选择"色度键"特

效并添加到时间轴窗口中视频 2 轨道中的第二段素材剪辑上。

7 在时间轴窗口中将时间指针定位在视频 2 轨道中的第二段素材剪辑上。在效果控件面板中展开"色度键"特效选项组,单击"颜色"选项后面的吸管按钮,在节目监视器窗口中图像的绿色背景上单击以拾取要清除的颜色。

8 在效果控件面板中设置"色度键"特效的"相似性"参数为 35.0%,"混合"参数为 60.0%,即可在节目监视器窗口中查看抠像完成的效果,如图 5-72 所示。

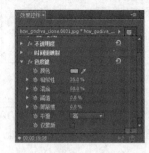

图 5-72 应用"色度键"特效

9 编辑好影片效果后,按"Ctrl+S"键保存工作。执行"文件→导出→媒体"命令,在打开的"导出设置"对话框中设置合适的参数,输出影片文件,如图 5-73 所示。

图 5-73 输出影片文件

5.2.3 项目 3 颜色校正特效综合应用——电影色彩效果

素材目录	光盘\实例文件\第 5 章\项目 5.2.3\Media\
项目文件	光盘\实例文件\第 5 章\项目 5.2.3\Complete\电影色彩效果.prproj
输出文件	光盘\实例文件\第 5 章\项目 5.2.3\Export\电影色彩效果.flv
操作点拨	(1) 导入准备的视频素材,以该素材的视频属性创建合成序列。 (2) 在时间轴窗口中编排好素材剪辑后,先应用"RGB 曲线"效果,对图像的整体色彩进行调整。添加"亮度与对比度"效果,增强图像内容色明暗与色彩浓度对比。添加"通道混合器"效果,通过对色彩通道进行单独的调整,对图像进行略微的偏色处理,模拟出电影胶片画面效果。 (3) 对影像进行电影胶片调色处理,要根据影像的实际图像内容来选择颜色校正效果并实时观察调整变化,设置合适的选项参数

操作步骤

1 在项目窗口中的空白处双击鼠标左键，打开"导入"对话框，选择本实例素材目录中准备的视频素材文件并导入。

2 在项目窗口中双击导入的视频素材，可以在源监视器窗口中预览其图像内容。在其上单击鼠标右键并选择"从剪辑新建序列"命令，以该素材的视频属性创建一个合成序列。为了方便对比调整色彩前后的效果，将该素材再一次加入到视频轨道中并对齐好位置，如图 5-74 所示。

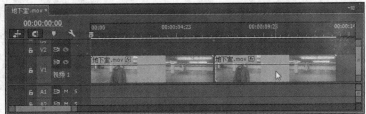

图 5-74 编排素材剪辑

3 在效果面板中展开"视频效果"文件夹，在"颜色校正"文件夹中选择"RGB 曲线"效果，将其添加到时间轴窗口中的第二段素材剪辑上。

4 在效果控件面板中展开"RGB 曲线"特效，然后用鼠标分别调整曲线图中的红色、绿色、蓝色曲线，对图像进行接近胶片色彩的调整，如图 5-75 所示。

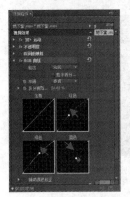

图 5-75 调整 RGB 曲线

5 为该素材剪辑添加"亮度与对比度"特效，在效果控件面板中设置"亮度"的参数值为-16，"对比度"的参数值为 20，增强图像内容色明暗与色彩浓度对比，如图 5-76 所示。

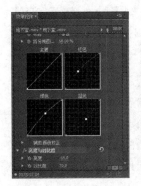

图 5-76 调整亮度与对比度

6 为该素材剪辑添加"通道混合器"特效，在效果控件面板中设置"绿色-蓝色"的数值为 50，"蓝色-绿色"的数值为 15，"蓝色-恒量"的数值为 8，对图像进行略微的偏色处理，模拟电影胶片画面效果，如图 5-77 所示。

图 5-77 调整色彩通道偏色

7 编辑好影片效果后，按"Ctrl+S"键保存工作。执行"文件→导出→媒体"命令，在打开的"导出设置"对话框中设置合适的参数，输出影片文件，如图 5-78 所示。

图 5-78 输出影片文件

5.3 课后练习

1. 利用复制效果编辑多画面电视墙效果

使用风格化类视频效果中的"复制"特效，利用本书配套光盘中"实例文件\第 5 章\练习 5.3.1\Media"目录下准备的视频素材文件，编辑视频图像逐渐变成多画面电视墙的效果。

操作说明：

（1）从项目窗口中将导入的视频素材加入时间轴窗口中的视频轨道 1 中。在工具面板中选择剃刀工具 ，对素材剪辑的第 2、4、6、8、9、10 秒的位置进行分割，得到 7 段素材剪辑，如图 5-79 所示。

（2）在时间轴窗口中选中分割出来的中间 5 段素材剪辑，然后打开效果面板，在"视频效果"文件夹中展开"风格化"类特效，选择"复制"特效并添加到时间轴窗口中选中的素材剪辑上，如图 5-80 所示。

图 5-79 分割素材剪辑

图 5-80 添加特效

（3）打开效果控件面板，分别为各段素材剪辑的"复制"特效设置对应的"计数"参数：第 2 段→2，第 3 段→3，第 4 段→4，第 5 段→3，第 6 段→2，这样即得到了整段影片中，复制特效从无到逐渐增加，再逐渐降低到恢复原状的变化效果，如图 5-81 所示。

图 5-81 特效应用效果

2. 利用放大特效编辑画面放大动画效果

使用扭曲类视频效果中的"放大"特效，利用本书配套光盘中"实例文件\第 5 章\练习 5.3.2\Media"目录下准备的素材文件，编辑出视频图像中对小鸟图像进行追踪放大的特写效果。

操作说明：

（1）利用视频素材新建序列，在时间轴窗口中将放大镜图像置于视频素材上层，在效果控件面板中修改其"缩放"参数为 50%，调整其锚点位置到镜片的中心并移动到视频画面中覆盖小鸟图像的位置，如图 5-82 所示。

图 5-82　调整放大镜图像

（2）为视频素材剪辑添加"放大"效果，在效果控件面板中为其设置"放大率"为 200。参考节目监视器窗口中的画面变化，创建"中央"选项以小鸟的运动轨迹为中心的关键帧动画，如图 5-83 所示。

（3）为放大镜图像编辑跟随放大效果中心移动轨迹的关键帧动画，得到放大镜图像与下层放大特效配合运动的合成效果，如图 5-84 所示。

图 5-83　编辑放大区域中心位移动画　　　　图 5-84　为放大镜图像编辑同步动画

第 6 章　音频内容编辑

本章重点

- ➢ 调整音频持续时间和播放速度
- ➢ 修改音频素材和音频剪辑的音量
- ➢ 调整音频轨道的音量
- ➢ 将单声道音频素材转换为立体声
- ➢ 编辑背景音乐的淡入淡出效果
- ➢ 音频过渡效果的应用
- ➢ 音频效果的应用
- ➢ 应用音频效果美化音效——音乐大厅的回响
- ➢ 编辑 5.1 声道环绕立体声——天籁纯音

6.1　基础训练

6.1.1　实例 1　调整音频持续时间和播放速度

素材目录	光盘\实例文件\第 6 章\实例 6.1.1\Media\
项目文件	光盘\实例文件\第 6 章\实例 6.1.1\Complete\调整音频持续时间和播放速度.prproj
实例要点	对音频内容持续时间和播放速度的调整与调整视频内容的持续时间与播放速度操作方法基本相同

操作步骤

　　1　在项目窗口中的空白处双击鼠标左键，打开"导入"对话框，选择本实例素材目录中准备的音频文件并导入。新建一个合成序列，将导入的音频素材加入音频轨道中。

　　2　将鼠标移动到音频素材剪辑的开始或结束位置，在鼠标光标改变形状为 ▶ 或 ◀ 状态时，向内移动其入点或出点，修剪出需要播放的音频内容片断，如图 6-1 所示。

入点后移了
5 秒 15 帧

修剪后的持
续时间

图 6-1　修剪动态素材剪辑的持续时间

　　3　向外移动其入点或出点进行修剪时，将在达到音频素材剪辑的最大原始长度时弹出

提示框, 如图 6-2 所示。

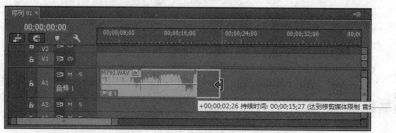

图 6-2 达到修剪限制的提示

4 双击音频轨道中的音频素材, 在源监视器窗口中将其打开, 将时间指针移动到合适的位置, 然后单击工具栏中的 "标记入点" 按钮 , 即可快速将该音频剪辑的入点修剪到该位置, 如图 6-3 所示。

 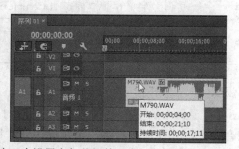

图 6-3 在源监视器窗口中设置音频剪辑的入点

5 在音频轨道中的音频剪辑上单击鼠标右键并选择 "速度/持续时间" 命令, 可以在弹出的对话框中, 对所选素材剪辑的播放速度与持续时间进行修改, 如图 6-4 所示。

 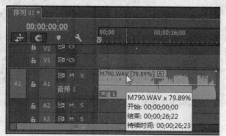

图 6-4 修改音频剪辑的播放速度

　　6　使用"比率伸缩工具" ，在音频剪辑的边缘按住并拖动，同样可以对音频剪辑的播放速率进行加快或变慢的调整，以改变音频剪辑的持续时间长度。

　　7　在项目窗口中双击音频素材并将其在源监视器窗口中打开，可以对音频素材的初始持续时间进行修剪。在修剪后加入序列中的该音频剪辑都将应用新的持续时间范围，如图 6-5 所示。

图 6-5　修改音频素材的初始持续时间

　　8　在项目窗口中的音频素材上单击鼠标右键并选择"速度/持续时间"命令，也可以对音频素材的初始持续时间/播放速度进行修改。

6.1.2　实例 2　修改音频素材和音频剪辑的音量

素材目录	光盘\实例文件\第 6 章\实例 6.1.2\Media\
项目文件	光盘\实例文件\第 6 章\实例 6.1.2\Complete\修改音频素材和音频剪辑的音量.prproj
实例要点	对于加入到序列中的音频剪辑，可以通过多种方法对其音量进行提高或降低，以得到需要的播放音量。对项目窗口中音频素材的音量进行修改后，可以使以后加入到序列中的该音频都应用修改后的音量

操作步骤

　　1　在项目窗口中的空白处双击鼠标左键，打开"导入"对话框，选择本实例素材目录中准备的音频文件并导入。新建一个合成序列，将导入的音频素材加入音频轨道中。

　　2　选择音频轨道中的音频剪辑，在效果控件面板中展开"音量"选项组，修改"级别"选项的数值，即可调节该音频剪辑的音量，如图 6-6 所示。

图 6-6　修改音频剪辑的音量

3 在时间轴窗口中单击"时间轴显示设置"按钮 ，在弹出的命令选单中选择"显示音频关键帧"命令，然后单击音频剪辑上的 图标，在弹出命令选单中选"音量→级别"选项后，即可通过上下拖动音频剪辑上的关键帧控制线，调整音频剪辑的音量，如图 6-7 所示。

图 6-7 拖动关键帧控制音量

4 选择音频轨道中的音频剪辑，执行"窗口→音频剪辑混合器"命令，打开音频剪辑混合器面板，向上或向下拖动该音频剪辑所在轨道控制选项组中的音量调节器，即可修改该音频素材的音量，如图 6-8 所示。在调整了音量调节器的位置后，可以看见音频轨道中该音频剪辑的音量控制线也会发生对应的调整。

图 6-8 通过音频剪辑混合器面板修改音频剪辑音量

5 选择项目窗口中的音频素材（或序列中的音频剪辑）后，执行"剪辑→音频选项→音频增益"命令，在弹出的"音频增益"对话框中，根据需要进行调整设置并单击"确定"按钮，即可在源监视器窗口（或音频轨道）中查看音频频谱的改变，如图 6-9 所示。

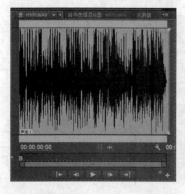

图 6-9 调整音频音量增益

- 将增益设置为：可以将音频素材或音频剪辑的音量增益指定为一个固定值。
- 调整增益值：输入正数值或负数值，可以提高或降低音频素材或音频剪辑的音量。
- 标准化最大峰值为：输入数值，可以为音频素材或音频剪辑中的音频频谱设定最大峰值音量。
- 标准化所有峰值为：输入数值，可以为音频素材或音频剪辑中音频频谱的所有峰值设定限定音量。

6.1.3　实例 3　调整音频轨道的音量

素材目录	光盘\实例文件\第 6 章\实例 6.1.3\Media\
项目文件	光盘\实例文件\第 6 章\实例 6.1.3\Complete\调整音频轨道的音量.prproj
实例要点	通过音频轨道混合器面板对音频轨道的音量进行调整，可以在不改变音频素材或音频剪辑的音量情况下，直接改变所选音频轨道中音频内容的播放音量

操作步骤

1　在项目窗口中的空白处双击鼠标左键，打开"导入"对话框，选择本实例素材目录中准备的所有音频文件并导入。新建一个合成序列，将导入的音频素材加入音频 1 轨道中。

2　执行"窗口→音轨混合器"命令，打开音轨混合器面板。为了方便即时了解对音轨音量调节前后效果的差异对比，可以先按空格键播放序列，然后在音轨混合器面板中用鼠标按住并向上（或向下）拖动音频 1 轨道窗格中的音量滑块，即可实时听到调节音轨音量时，轨道中音频内容播放的音量变化，如图 6-10 所示。

图 6-10　调节音频轨道的音量

6.1.4　实例 4　将单声道音频素材转换为立体声

素材目录	光盘\实例文件\第 6 章\实例 6.1.4\Media\
项目文件	光盘\实例文件\第 6 章\实例 6.1.4\Complete\将单声道音频素材转换为立体声.prproj
实例要点	在 Premiere Pro CC 中对音频素材的编辑会涉及对其左右声道的处理，某些音频特效也只适用于单声道音频或立体声音频。如果导入的音频素材的声道格式不符合编辑需要，就需要对其进行声道格式的转换处理

操作步骤

1　在项目窗口中的空白处双击鼠标左键，打开"导入"对话框，选择本实例素材目录中准备的音频文件并导入。双击该音频素材，可以在源监视器窗口中查看其单声道波形频谱，如图 6-11 所示。

2　新建一个合成序列，将导入的音频素材加入音频轨道中，如图 6-12 所示。可以看到音频轨道中的音频剪辑只显示了一个波形频谱。

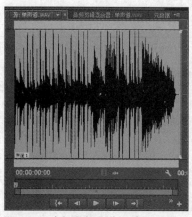

图 6-11　在源监视器窗口中查看音频

图 6-12　音频轨道中的音频剪辑

3　选择项目窗口中的单声道音频素材，执行"剪辑→修改→音频声道"命令，在打开的"修改剪辑"对话框中，单击"声道格式"选项后的下拉按钮并选择"立体声"，然后在声道列表中单击新增的声道条目名称，在其下拉列表中选择"声道 1"选项，即可将原音频的单声道复制为立体声音频的右声道，原来的单声道则自动设置为左声道，如图 6-13 所示。

图 6-13　转换声道格式

4　单击"确定"按钮，程序将弹出提示框，提示用户对音频声道格式的修改不会对已经加入到合成序列中的音频剪辑发生作用，将在以后新加入到合成序列中时应用为立体声，如图 6-14 所示。

图 6-14　提示对话框

5　单击"是"按钮，应用对音频素材声道格式的修改，即可看见在源监视器窗口中的音频素材变成了立体声的波形，如图 6-15 所示。

6　将该音频素材加入音频轨道中前一音频剪辑的后面，即可查看到两段音频剪辑的波

形不同，如图 6-16 所示。按空格键播放预览，可以分辨出音频在播放时的效果差别。

图 6-15　源监视器窗口中的音频波形　　　　　图 6-16　加入转换后的音频素材

6.1.5　实例 5　编辑背景音乐的淡入淡出效果

素材目录	光盘\实例文件\第 6 章\实例 6.1.5\Media\
项目文件	光盘\实例文件\第 6 章\实例 6.1.5\Complete\编辑背景音乐的淡入淡出效果.prproj
实例要点	通过为音频剪辑的音量创建在开始时逐渐提高、在结束时逐渐降低的关键帧动画，即可编辑音乐在播放时的淡入淡出效果

操作步骤

1　在项目窗口中的空白处双击鼠标左键，打开"导入"对话框，选择本实例素材目录中准备的音频和图像素材并导入。

2　新建一个合成序列，将导入的音频素材加入到音频 1 轨道中，将图像素材加入到视频 1 轨道中，并延长其持续时间到与音频剪辑的出点对齐，如图 6-17 所示。

图 6-17　编排素材剪辑

3　选择音频轨道中的音频剪辑，在效果控制面板中展开"音量"选项组。默认情况下，"级别"选项前的"切换动画"按钮处于按下状态，将时间指针定位在需要的位置并修改"级别"的参数值，编辑音量在开始时很低，逐渐升高后，在结束时逐渐降低的动画，如图 6-18 所示。

4　按"Ctrl+S"键保存工作。可以在时间轴窗口中查看到音频剪辑上的音量控制线变化，如图 6-19 所示。按空格键，可以预览编辑完成的背景音乐淡入淡出效果。

		00:00:00:00	00:00:03:00	00:00:23:00	末尾
	级别	-50	0	0	-50

图 6-18　编辑音量变化关键帧动画

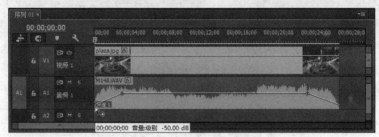

图 6-19　编辑完成的音量关键帧动画

6.1.6　实例 6　音频过渡效果的应用

素材目录	光盘\实例文件\第 6 章\实例 6.1.6\Media\
项目文件	光盘\实例文件\第 6 章\实例 6.1.6\Complete\音频过渡效果的应用.prproj
实例要点	音频过渡效果与视频过渡效果的用途相似，用于添加在音频剪辑的头尾，可以更方便地编辑出音频播放的淡入淡出效果，或在两个音频剪辑之间产生播放过渡效果，使音频内容的切换更自然流畅

操作步骤

1　在项目窗口中的空白处双击鼠标左键，打开"导入"对话框，选择本实例素材目录中准备的音频和图像素材并导入。

2　新建一个合成序列，将导入的音频素材加入音频 1 和音频 2 轨道中并安排两秒的时间重叠。将图像素材加入到视频 1 轨道中，延长各图像剪辑的持续时间到与音频轨道中的剪辑出点分别对齐，如图 6-20 所示。

图 6-20　编排素材剪辑

3　按空格键，对当前时间轴窗口中的音频内容进行播放预览，注意音频剪辑切换时的

变化。

4　在效果面板中展开"音频过渡"文件夹，在其中的"交叉淡化"文件夹下面提供了"恒定功率"、"恒定增益"、"指数淡化"三种音频过渡效果，它们的应用效果都基本相同：应用在音频剪辑的入点，产生淡入效果。选择"恒定功率"效果并添加到音频 1 轨道中剪辑的末尾，再次选择该效果并添加到音频 2 轨道中剪辑的开始位置，然后将它们的持续时间都延长到 2 秒，如图 6-21 所示。

图 6-21　添加音频过渡效果

5　在效果面板中展开"视频过渡"文件夹，选择一个合适的视频过渡效果并添加到两个图像素材剪辑之间，以配合音频内容的过渡切换，如图 6-22 所示。

图 6-22　添加视频过渡效果

6　按"Ctrl+S"键保存工作。按空格键预览编辑完成的音乐切换过渡效果。

6.1.7　实例 7　音频效果的应用

素材目录	光盘\实例文件\第 6 章\实例 6.1.7\Media\
项目文件	光盘\实例文件\第 6 章\实例 6.1.7\Complete\.prproj
实例要点	音频效果的应用方法与视频特效一样，只需在添加到音频剪辑上后，在效果控件面板中对其进行参数设置即可。本实例所应用的"延迟"效果，可以对音频频谱设置一定时间的延迟重复，并通过其他选项的参数设置，模拟出逼真的多重回声效果

操作步骤

1　在项目窗口中的空白处双击鼠标左键，打开"导入"对话框，选择本实例素材目录中准备的视频素材文件并导入。

2　在项目窗口中导入的素材上单击鼠标右键并选择"从剪辑新建序列"命令，以该素材的视频属性创建一个合成序列，如图 6-23 所示。为了方便对比应用音频特效前后的效果，将该素材再一次加入到视频轨道中并对齐好位置，如图 6-24 所示。

3　在效果面板中展开"音频效果"文件夹，选择"延迟"效果并拖动到音频轨道中的

第二段素材剪辑上。

图 6-23 从剪辑新建序列

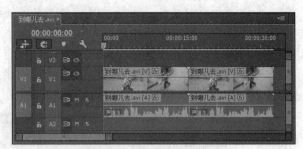

图 6-24 加入素材到视频轨道中

4 在效果控件面板中展开"延迟"效果的参数选项，保持"延迟"选项默认的 1 秒时间长度。设置"反馈"选项的数值为 70%，对延迟播放的音频反馈程度进行设置。设置"混合"选项的数值为 25%，对延迟播放的音频音量进行设置，如图 6-25 所示。

5 按"Ctrl+S"键保存工作。按空格键对添加了"延迟"特效的剪辑音频效果进行预览，如图 6-26 所示。

图 6-25 设置特效参数

图 6-26 播放预览音频特效应用效果

6.2 项目应用

6.2.1 项目 1 应用音频效果美化音效——音乐大厅的回响

素材目录	光盘\实例文件\第 6 章\项目 6.2.1\Media\
项目文件	光盘\实例文件\第 6 章\项目 6.2.1\Complete\音乐大厅的回响.prproj
输出文件	光盘\实例文件\第 6 章\项目 6.2.1\Export\音乐大厅的回响.flv
操作点拨	(1) 为音频剪辑添加"Reverb"（回响）效果，应用"Large hall"预设处理样式，增强音频内容的空间音响效果。 (2) 为音频剪辑添加"多功能延迟"效果，设置合适的选项参数，编辑出低幅度逐层降低音量的延迟回音效果。 (3) 添加"高音"、"低音"效果并设置合适的参数值，进一步强化音乐播放时的高音清晰度和低音震撼力

操作步骤

1 在项目窗口中的空白处双击鼠标左键，打开"导入"对话框，选择本实例素材目录中准备的音频和图像素材并导入。

2 新建一个 NTSC 制式的合成序列，为了方便进行音效处理前后的对比，将导入的音频素材加入两次到音频 1 轨道中。将图像素材加入视频 1 轨道中，并延长其持续时间到与音频轨道中的剪辑出点对齐，如图 6-27 所示。

图 6-27　编排素材剪辑

3 在效果面板中展开"音频效果"文件夹，选择"Reverb"（回响）效果并拖动到音频轨道中的第二段素材剪辑上。

4 在效果控件面板中展开"Reverb"效果的参数选项，单击"自定义设置"选项后面的"编辑"按钮，弹出"剪辑效果编辑器"窗口，在"预设"下拉列表中选择"Large hall"（大厅）选项，将"Size"（大小）选项的数值为 30%，保持其他选项的默认值不变，如图 6-28 所示。

图 6-28　设置选项数值

5 关闭"剪辑效果编辑器"窗口，此时按效果控件面板右下角的"仅播放该剪辑的音频"按钮♪▶进行播放预览，可以发现音频剪辑的音效已经有了明显变化。

6 在效果面板中展开"音频效果"文件夹，选取"多功能延迟"效果并拖动到音频轨道中的第二段素材剪辑上。

7 在效果控件面板中展开"多功能延迟"效果的参数选项，将"级别 2"的数值修改为 −8.0db，"级别 3"的数值修改为-10.0db，"级别 4"的数值修改为−12.0db，将"混合"选项的数值修改为 35%，保持其他选项的默认值不变，如图 6-29 所示。

8 按效果控件面板右下角的"仅播放该剪辑的音频"按钮▶▶进行播放预览，可以听见为音频剪辑编辑出的低幅度逐层降低音量的延迟回音效果。

9 为该音频剪辑添加"高音"效果，并设置"提升"选项的数值为 12.0db，对上面应用了音效后的音频内容进行高音部分的提升，使音效更清晰，如图 6-30 所示。

图 6-29　设置音频效果的参数

10 为该音频剪辑添加"低音"效果，并设置"提升"选项的数值为 8.0db，对该音频剪辑进行低音部分的提升，提高音频内容的低音音场震撼力，如图 6-31 所示。

图 6-30　添加并设置"高音"效果

图 6-31　添加并设置"低音"效果

11 按"Ctrl+S"键保存工作。按空格键对添加多个音频特效的合成序列进行播放预览。

12 执行"文件→导出→媒体"命令，在打开的"导出设置"对话框中设置合适的参数，输出影片文件，如图 6-32 所示。

图 6-32　输出影片

6.2.2　项目 2　编辑 5.1 声道环绕立体声——天籁纯音

素材目录	光盘\实例文件\第 6 章\项目 6.2.2\Media\
项目文件	光盘\实例文件\第 6 章\项目 6.2.2\Complete\天籁纯音.prproj
输出文件	光盘\实例文件\第 6 章\项目 6.2.2\Export\天籁纯音.flv
操作点拨	(1) 新建合成序列，将序列的主音轨设置为 5.1 声道。 (2) 在音轨混合器面板中，为各个音频轨道命名并分别设置对应的声像方位。 (3) 对各音频轨道中的音频剪辑进行持续时间的修剪并在首尾衔接位置添加音频过渡效果，得到播放时声音从一个声像方位逐渐过渡到另一个声像方位的效果

操作步骤

1　在项目窗口中的空白处双击鼠标左键，打开"导入"对话框，选择本实例素材目录中准备的音频和图像素材并导入。

2　按"Ctrl+N"快捷键，打开"新建序列"对话框，在"序列预设"标签中选择 DV-NTSC 制式，然后展开"轨道"标签，在"音频"选项的"主音轨"下拉列表中选择 5.1，然后单击"添加轨道"按钮██三次，得到 6 个音频轨道，如图 6-33 所示。

3　执行"窗口→工作区→音频"命令，将 Premiere 的工作界面切换为音频编辑模式。

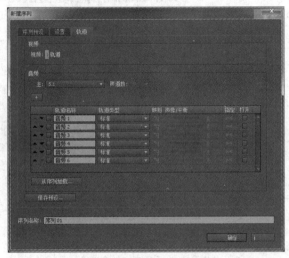

图 6-33　设置序列的轨道

4　在打开的音轨混合器面板中，依次将 A1~A6 音频轨道的名称修改为：左前、右前、右后、左后、前置、中央，然后将所有轨道的"自动模式"修改为"写入"，如图 6-34 所示。

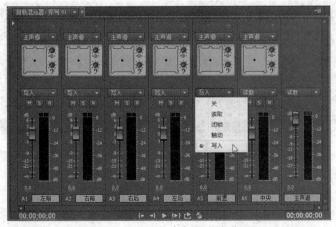

图 6-34　修改音频轨道名称

5　在音轨混合器面板中，用鼠标将 A1~A6 音频轨道的声像器窗格中的方位点移动到对

应的角点，使各音频轨道中的音频内容在对应的方位角度播放，如图 6-35 所示。

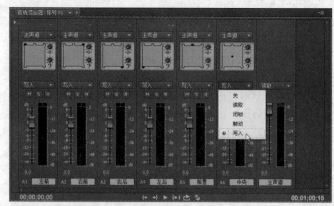

图 6-35　设置音频轨道的声像方位

6　将项目窗口中的音频素材加入到 A1~A6 音频轨道中，再将图像素材加入到视频轨道中，并延长其持续时间到与音频轨道中剪辑的出点对齐，如图 6-36 所示。

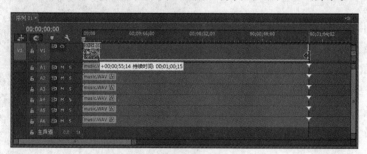

图 6-36　编排素材剪辑

7　音频轨道中音频剪辑的持续时间为 1 秒 15 帧。下面来修剪各音频轨道中素材剪辑的持续时间，使它们的入点与重叠两秒并依此衔接。用鼠标将各轨道中音频剪辑的持续时间分别修剪为：A1 0~14 秒，A2 12~26 秒，A3 24~38 秒，A4 36~50 秒，A5 48~末尾，A6 轨道中的音频剪辑保持原有持续时间不变，如图 6-37 所示。

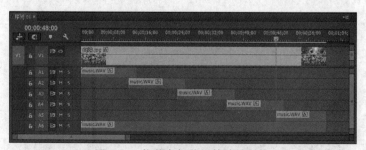

图 6-37　修剪音频剪辑的持续时间

8　打开音频剪辑混合器面板，将 A6 轨道中音频剪辑的音量修改为-20 db，使该剪辑在播放时保持较低的音量作为中央音场，如图 6-38 所示。

9　在效果面板中展开"音频过渡"文件夹，选择"恒定功率"效果并添加到 A1 音频轨道中剪辑的末尾，再选择该效果并添加到 A2 音频轨道中剪辑的开始位置，然后将它们的持续时间都延长到 2 秒。继续为 A3~A5 轨道中的音频剪辑添加音频过渡效果，使各轨道中音频剪辑在播放时，产生从一个声像方位逐渐过渡到另一个声像方位的效果，如图 6-39 所示。

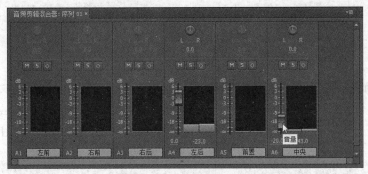

图 6-38　修改音频剪辑的音量

图 6-39　添加音频过渡效果

10 按"Ctrl+S"键保存工作。按空格键对编辑完成的 5.1 声道环绕立体声效果进行播放预览。如果没有 5.1 音响设备进行播放，可以插入立体声耳机进行播放预览。

11 执行"文件→导出→媒体"命令，在打开的"导出设置"对话框中设置合适的参数，输出影片文件，如图 6-40 所示。

图 6-40　输出影片

6.3　课后练习

1. 将立体声音频转换为单声道音频

立体声音频素材可以包含两个不同音频内容的声道，例如左声道为语音、右声道为音乐。

在编辑工作中，可以根据需要只保留其中一个声道的声音内容来应用到合成序列中。利用本书配套光盘中"实例文件\第 6 章\练习 6.3.1\Media"目录下准备的音频素材文件进行本练习的编辑操作。

操作步骤

1 将导入的音频素材加入新建的合成序列中，然后选择该音频剪辑并执行"剪辑→修改→音频声道"命令，在打开的"修改剪辑"对话框中，单击需要去除声音内容的声道对应的下拉列表并选择"无"，即可使该音频剪辑只保留另一个声道中的声音内容，如图 6-41 所示。

图 6-41　将立体声音频剪辑转换为单声道音频剪辑

2 选择项目窗口中的立体声音频素材，然后执行"剪辑→音频选项→拆分为单声道"命令，可以直接将立体声音频素材拆分为分别包含左声道、右声道音频内容的两个音频素材，如图 6-42 所示。

2. 应用音频效果编辑老式收录机播放效果

在效果面板的"音频效果"文件夹中，"低通"效果用于删除高于指定频率界限的频率，使音频产生浑厚的低音音场效果；"高通"效果用于删除低于制定频率界限的频率，使音频产生清脆的高音音场效果。导入本书配套光盘中"实例文件\第 6 章\练习 6.3.2\Media"目录下准备的音频素材文件，将其加入到新建的合成序列中，通过为其添加"高通"、"低通"效果，对音频剪辑的频谱进行范围限制，配合"高音"效果的高音增强作用，编辑出模拟老式磁带收录机的播放效果，如图 6-43 所示。可以自行尝试为应用的音频效果设置不同的选项参数值，得到更多变化的音频播放效果。

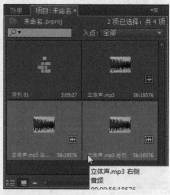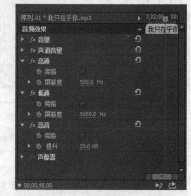

图 6-42　将立体声音频素材拆分为单声道音频　　　　　　图 6-43　音频效果的设置

第7章 颜色校正特效

本章重点

➢ 使用多种方法创建字幕
➢ 编辑字幕文本基本效果属性
➢ 编辑路径造型文字
➢ 设置线性渐变和径向渐变填充
➢ 应用和编辑字幕样式
➢ 创建自定义字幕样式
➢ 编辑游动字幕影片——经典歌曲欣赏"长城长"

7.1 基础训练

7.1.1 实例 1 使用多种方法创建字幕

素材目录	光盘\实例文件\第 7 章\实例 7.1.1\Media\
项目文件	光盘\实例文件\第 7 章\实例 7.1.1\Complete\.prproj
实例要点	在 Premiere Pro CC 中创建的字幕素材主要用于在影视项目作中添加字幕、标题文字等信息，以帮助更完整地展现内容信息，还可以起到美化画面、表现创意的作用。在编辑操作中，可以使用三种方法快速创建字幕素材文件

操作步骤

1　执行"文件→新建→字幕"命令，打开"新建字幕"对话框，在该对话框中可以根据需要对字幕素材的视频属性进行设置，如画面尺寸、帧速率、像素长宽比等，如图 7-1所示。

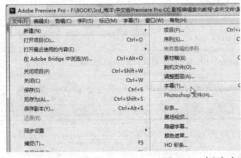

图 7-1　新建字幕素材

2　在"名称"栏中为新建字幕素材输入需要的名称后，单击"确定"按钮，即可打开字幕设计器窗口，如图 7-2 所示。

3 在字幕设计器窗口中使用各种编辑工具编辑好需要的字幕内容后，关闭字幕设计器窗口，即可在项目窗口中查看到新建的字幕素材，如图 7-3 所示。

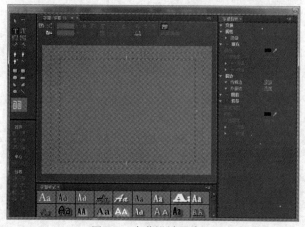

图 7-2 字幕设计器窗口

图 7-3 新建的字幕素材

4 执行"字幕→新建字幕"命令，可以在弹出的命令菜单中选择需要的命令创建对应的字幕类型，包括静态字幕、滚动字幕和游动字幕，如图 7-4 所示。

5 单击项目窗口下方的"新建项" 按钮，在弹出的命令选单中选择"字幕"命令，即可打开"新建字幕"对话框，创建需要的字幕素材，如图 7-5 所示。

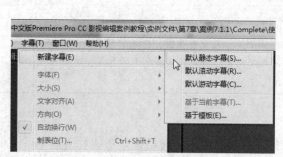

图 7-4 通过字幕菜单命令创建字幕

图 7-5 在项目窗口中创建字幕

7.1.2 实例 2 编辑字幕文本基本效果属性

素材目录	光盘\实例文件\第 7 章\实例 7.1.2\Media\
项目文件	光盘\实例文件\第 7 章\实例 7.1.2\Complete\编辑字幕文本基本效果属性.prproj
实例要点	在字幕设计器窗口中，选择文字输入工具输入文本后，可以在字幕属性面板为文本对象的各项基本属性选项进行设置，包括字体、字号、填充色等

操作步骤

1 在项目窗口中的空白处双击鼠标左键，打开"导入"对话框，选择本实例素材目录中准备的音频和图像素材并导入。

2 按"Ctrl+N"快捷键，新建一个 NTSC 制式的合成序列，将导入的图像素材加入视

频轨道中并延长其持续时间为 6 秒，如图 7-6 所示。

图 7-6　加入图像素材

3　执行"文件→新建→字幕"命令，打开"新建字幕"对话框，保持默认的选项设置，单击"确定"按钮，打开字幕设计器窗口。

4　在窗口左边的字幕工具面板中单击"垂直文字工具" 按钮，然后在字幕编辑窗口中单击鼠标左键，在文字输入框出现后，输入两排垂直排列的文字"晓看红湿处　花重锦官城"，如图 7-7 所示。

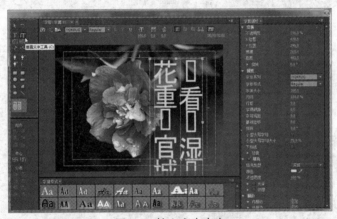

图 7-7　输入文本内容

5　新输入的文字将应用默认的英文字体，对于中文就可能出现不能正常显示的情况。在字幕工具面板中单击"选择工具" 按钮，然后选择输入的文本对象，在字幕编辑窗口上方的面板或窗口右边字幕属性面板的"属性"选项中，为输入的字体设置字号大小为 70，并为其选择一个中文字体（如方正行楷），如图 7-8 所示。

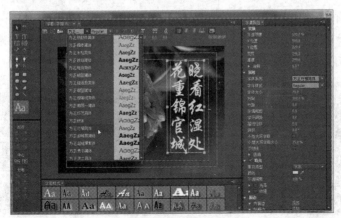

图 7-8　设置字体和字号

6 在字幕属性面板的"属性"选项中，为文本对象设置"行距"为15，将两行文字调整到合适的间距。

7 单击字幕属性面板中"填充"选项下"颜色"后面的颜色块，在弹出的拾色器面板中为文本设置填充色为红色，如图7-9所示。

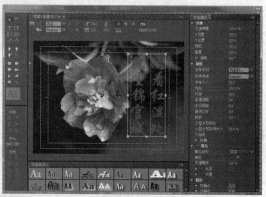

图7-9 为文本设置填充色

8 勾选"阴影"选项并展开该选项组，单击其中"颜色"后面的颜色块，在弹出的拾色器面板中为文本设置深褐色的投影色，如图7-10所示。

图7-10 设置阴影颜色

9 设置好文本效果后，关闭字幕设计器窗口，即可在项目窗口中查看到编辑好的字幕素材，如图7-11所示。

10 将字幕素材加入时间轴窗口的视频2轨道中，并与视频1轨道中素材剪辑的出点对齐，然后向前延长其持续时间到5秒，如图7-12所示。

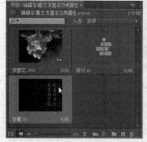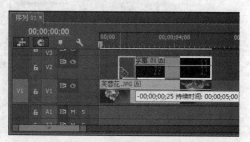

图7-11 编辑好的字幕素材　　　　　　　图7-12 编排字幕剪辑

11 在效果面板中选择"视频过渡→擦除→划出"过渡效果,将其添加到字幕剪辑的开始位置,然后延长其持续时间到 4 秒,如图 7-13 所示。

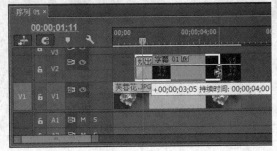

图 7-13 添加视频过渡效果

12 打开效果控件面板,将"划出"过渡效果的动画方向设置为"自北向南",将节目监视器窗口中字幕文字的显示动画设置为从上到下逐渐展现,如图 7-14 所示。

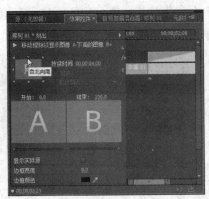

图 7-14 设置过渡效果动画方向

13 编辑好影片效果后,按"Ctrl+S"键执行保存,按空格键预览编辑完成的影片效果。

7.1.3 实例 3 编辑路径造型文字

素材目录	光盘\实例文件\第 7 章\实例 7.1.3\Media\
项目文件	光盘\实例文件\第 7 章\实例 7.1.3\Complete\编辑路径造型文字.prproj
实例要点	在字幕设计器窗口中提供了两个路径文字工具(水平路径和垂直路径),可以方便用户创建以绘制的路径曲线作为文本基线进行排列的路径文本

操作步骤

1 在项目窗口中的空白处双击鼠标左键,打开"导入"对话框,选择本实例素材目录中准备的图像文件并导入。新建一个合成序列,将导入的素材加入视频轨道中。

2 单击项目窗口下方的"新建项"按钮,在弹出的命令选单中选择"字幕"命令,在打开的"新建字幕"对话框中单击"确定"按钮,新建一个字幕素材文件。

3 打开字幕设计器窗口后,在字幕工具面板中单击"路径文字工具"按钮,在鼠标光标改变为钢笔形状后,在字幕编辑窗口中沿蜗牛前方细藤的弧形边缘绘制一条曲线路径,如图 7-15 所示。

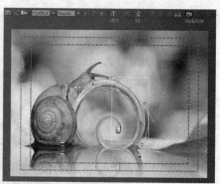

图 7-15　绘制曲线路径

4 绘制完成后，将鼠标移动到路径节点上的控制柄上并适当拖动，将绘制的曲线路径调整到平滑流畅，如图 7-16 所示。

5 单击"路径文字工具"  按钮，然后将鼠标光标移动到绘制的曲线路径上并单击鼠标左键，进入文本输入状态后，输入需要的文字内容并为其设置好字体、字号和填充色，如图 7-17 所示。

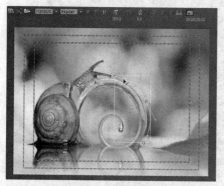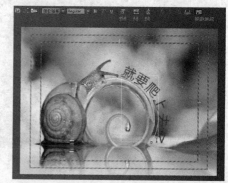

图 7-16　调整路径曲线　　　　　　　　图 7-17　输入文本并设置文本属性

6 编辑好需要的文本内容后，关闭字幕设计器窗口，回到项目窗口中，将字幕素材加入到时间轴窗口的视频 2 轨道中，并修剪其持续时间到与视频 1 轨道中的素材剪辑对齐，如图 7-18 所示。

图 7-18　编排素材剪辑

7 编辑好需要的影片效果后，按"Ctrl+S"键执行保存。

7.1.4 实例 4 设置线性渐变和径向渐变填充

素材目录	光盘\实例文件\第 7 章\实例 7.1.4\Media\
项目文件	光盘\实例文件\第 7 章\实例 7.1.4\Complete\设置线性渐变和径向渐变填充.prproj
实例要点	在字幕设计器窗口中输入文本内容后，可以通过字幕属性面板中的填充选项设置，为字幕文本设置多种样式的颜色填充效果，还可以为添加的描边轮廓应用多种样式的填色设置，编辑出美观的字幕文字效果

操作步骤

1 在项目窗口中的空白处双击鼠标左键，打开"导入"对话框，选择本实例素材目录中准备的图像文件并导入。新建一个合成序列，将导入的素材加入视频轨道中。

2 单击项目窗口下方的"新建项"■按钮，在弹出的命令选单中选择"字幕"命令，在打开的"新建字幕"对话框中单击"确定"按钮，新建一个字幕素材文件。

3 打开字幕设计器窗口后，在字幕工具面板中单击"文字工具"■按钮，在字幕编辑窗口中输入文字"hello!"，然后设置合适的字体、字号，将其移动到画面中合适的位置，如图 7-19 所示。

图 7-19 输入文字并编辑文本属性

4 在字幕属性面板中展开"填充"选项，在"填充类型"下拉列表中选择"线性渐变"，然后双击下方颜色条的第一个白色块，在打开的拾色器对话框中选择草绿色，如图 7-20 所示。

图 7-20 设置线性渐变填充的开始颜色

5 单击"确定"按钮，关闭拾色器对话框，然后双击第二个白色块，在打开的拾色器对话框中选取水蓝色并单击"确定"按钮，设置从绿到蓝的渐变色，如图 7-21 所示。

图 7-21　设置渐变色的结束颜色

6　将渐变色条下面的第一个色块按住并向前拖动到开始位置，将第二个色块向后拖动到结束位置，对应用在文字上的渐变填充进行线性调整，如图 7-22 所示。

图 7-22　调整渐变填充的线性

7　在字幕属性面板中勾选"光泽"选项，应用默认的白色作为文本对象上的光泽颜色并设置光泽大小为 75，如图 7-23 所示。

图 7-23　设置文字图像上的光泽效果

8　展开"描边"选项组，单击"外描边"选项后面的"添加"按钮，为文本对象添加外层的轮廓描边。设置描边轮廓的大小为 20，填充色为天蓝色，如图 7-24 所示。

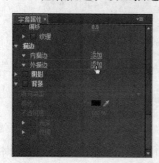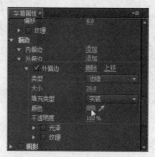

图 7-24　设置文字轮廓描边

9 勾选"阴影"选项并设置投影为灰蓝色,修改"距离"选项的参数为 12,"扩展"选项的参数为 0,如图 7-25 所示。

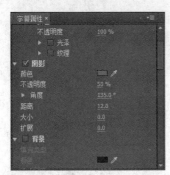

图 7-25 编辑投影效果

10 关闭字幕设计器窗口,应用对该文本对象的效果设置。

11 将项目窗口中编辑好的字幕素材加入时间轴窗口的视频 2 轨道中,延长其持续时间到与视频 1 轨道中的素材剪辑对齐,图 7-26 所示。

图 7-26 添加字幕到序列中

12 单击项目窗口下方的"新建项"  按钮并选择"字幕"命令,在打开的"新建字幕"对话框中单击"确定"按钮,新建第二个字幕素材。

13 打开字幕设计器窗口后,单击"文字工具"  按钮,在字幕编辑窗口中输入文字"早上好",然后为其设置字体、字号,将其移动到画面中合适的位置,如图 7-27 所示。

图 7-27 输入文字并编辑文本属性

14 在字幕属性面板中展开"填充"选项，在"填充类型"下拉列表中选择"径向渐变"，然后将下方颜色条的第一个色块设置为黄色，将第二个色块设置为红色，并适当调整色块的位置，如图 7-28 所示。

图 7-28　设置线性渐变填充色

15 展开"描边"选项组，单击"外描边"选项后面的"添加"按钮，为文本对象添加外层的轮廓描边。设置描边轮廓的大小为 30，然后在"填充类型"下拉列表中选择"线性渐变"，并设置从红色到暗红色的渐变填充，如图 7-29 所示。

图 7-29　设置描边的填充样式和颜色

16 勾选"阴影"选项并设置投影为灰红色，修改"距离"选项的参数为 12，"扩展"选项的参数为 0，如图 7-30 所示。

图 7-30　编辑投影效果

17 关闭字幕设计器窗口，回到项目窗口中。将编辑好的新字幕素材加入时间轴窗口的视频 3 轨道中，将其出点与视频 1 轨道中的素材剪辑对齐，然后向后修剪其入点，调整其持续时间为 3 秒，如图 7-31 所示。

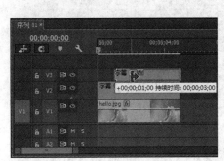

图 7-31　添加字幕到序列中

18 在效果面板中展开"视频过渡→溶解"文件夹，选择"交叉溶解"效果并添加两个字幕剪辑的开始位置，编辑出字幕文本在开始播放后，逐渐显示出来的动画效果，如图 7-32 所示。

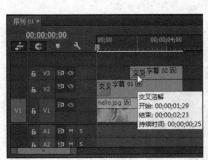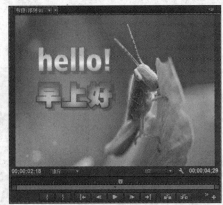

图 7-32　为字幕剪辑添加视频过渡效果

19 编辑好需要的影片效果后，按"Ctrl+S"键执行保存。

7.1.5　实例 5　应用和编辑字幕样式

素材目录	光盘\实例文件\第 7 章\实例 7.1.5\Media\
项目文件	光盘\实例文件\第 7 章\实例 7.1.5\Complete\应用和编辑字幕样式.prproj
实例要点	字幕样式是编辑好了字体、填充色、描边以及投影等效果的预设样式，存放在字幕设计器窗口下方的字幕样式面板中，可以直接选取应用或通过菜单命令应用一个样式中的部分内容

操作步骤

1 在项目窗口中的空白处双击鼠标左键，打开"导入"对话框，选择本实例素材目录中准备的图像文件并导入。新建一个合成序列，将导入的素材加入视频轨道中。

2 单击项目窗口下方的"新建项"按钮，在弹出的命令选单中选择"字幕"命令，在打开的"新建字幕"对话框中单击"确定"按钮，新建一个字幕素材文件。

3 打开字幕设计器窗口，在字幕工具面板中单击"垂直文字工具"按钮，在字幕编辑窗口中输入文字"守望"，然后设置字号大小、字偶间距，将其移动到画面中合适的位置，如图 7-33 所示。

图 7-33　输入文字并设置字体属性

　　4　选择字幕文本，在窗口下方的字幕样式面板中单击一个字幕样式，即可应用该字幕样式，得到与该字幕样式相同的字体、颜色填充、阴影、描边等所有样式设置，如图 7-34 所示。

图 7-34　为字幕文本应用预设样式

　　5　在只需要应用所选预设样式中的部分效果设置时，可以在选择字幕文本后，在需要应用的预设样式缩览图上单击鼠标右键，然后在弹出的命令选单中选择应用该样式的全部或部分设置，如图 7-35 所示。

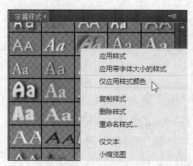

图 7-35　仅应用所选样式的颜色设置

　　6　为字幕文本应用了预设样式后，可以在字幕属性面板中对该样式的具体设置进行修改调整，得到新的外观效果，如图 7-36 所示。

图 7-36　在应用样式的基础上编辑文字效果

　　7　关闭字幕设计器窗口，回到项目窗口中。将编辑好的字幕素材加入到时间轴窗口的视频 2 轨道中，将其出点与视频 1 轨道中的素材剪辑对齐，如图 7-37 所示。

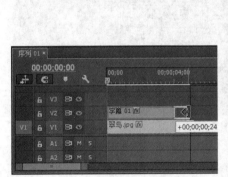

图 7-37　编排素材剪辑

　　8　编辑好需要的影片效果后，按"Ctrl+S"键执行保存。

7.1.6　实例 6　创建自定义字幕样式

素材目录	光盘\实例文件\第 7 章\实例 7.1.5\Media\
项目文件	光盘\实例文件\第 7 章\实例 7.1.6\Complete\创建自定义字幕样式.prproj
实例要点	Premiere Pro CC 允许用户将自行编辑好的字幕文本效果，创建为新的字幕样式保存在字幕样式面板中，方便以后快速选取应用

　　操作步骤

　　1　使用上一案例中编辑完成的项目文件。在项目窗口中双击编辑好的字幕素材，打开字幕设计器窗口。

　　2　选择字幕编辑窗口中编辑好了样式效果的文本对象，然后单击字幕样式面板右上角的■按钮，或在字幕样式面板中的空白处单击鼠标右键，在弹出的命令选单中选择"新建样

式"命令，如图 7-38 所示。

3 程序将在弹出的"新建样式"对话框中，自动以当前所选文本对象的字体、字体样式、字号大小组成默认的样式名称，可以根据需要输入新的文字为新建的字幕样式命名，如图 7-39 所示。

图 7-38　选择"新建样式"命令　　　　　　　　　　图 7-39　为新建样式命名

4 设置好需要的新建样式名称后，单击"确定"按钮，即可在字幕样式面板中将当前选择的字幕文本的属性与效果设置为新的样式，如图 7-40 所示。

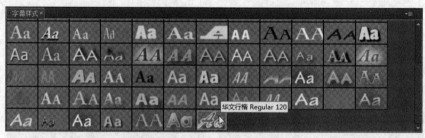

图 7-40　新建的字幕样式

7.2　项目应用

7.2.1　项目 1　编辑游动字幕影片——经典歌曲欣赏"长城长"

素材目录	光盘\实例文件\第 7 章\项目 7.2.1\Media\
项目文件	光盘\实例文件\第 7 章\项目 7.2.1\Complete\经典歌曲欣赏"长城长".prproj
输出文件	光盘\实例文件\第 7 章\项目 7.2.1\Export\经典歌曲欣赏"长城长".flv
操作点拨	滚动字幕是指在画面的水平方向从右向左或从右向左运动的动画字幕。本实例是以一首经典歌曲作为背景音乐，配合图像动画编辑制作的经典歌曲欣赏短片。 （1）在时间轴窗口中编排准备好的图像素材并添加视频过渡效果。 （2）新建静态标题字幕，应用创建的自定义字幕样式设置文字效果。 （3）将标题字幕素材加入到时间轴窗口中并应用过渡效果编辑淡入淡出效果。 （4）创建游走字幕素材，输入文字内容并设置字体、字号、填充色、描边等效果，在"滚动/游动选项"对话框中设置好字幕的游动动画时间范围。 （5）将游动字幕素材加入到时间轴窗口中，然后新建一个颜色遮罩素材作为其背衬图像，使上层字幕文字与底层风景图像区别开来，可以更清晰地显示。

本实例的最终完成效果，如图 7-41 所示。

图 7-41　实例完成效果

操作步骤

1　在项目窗口中的空白处双击鼠标左键，打开"导入"对话框，选择本实例素材目录中准备的音频和图像素材并导入。

2　按"Ctrl+N"快捷键，新建一个 NTSC 制式的合成序列。在按住"Shift"键的同时，在项目窗口中依次选择所有的图像并加入到时间轴窗口的视频轨道中，然后将音频素材加入音频轨道中，修剪音频剪辑的出点与视频轨道中剪辑的出点对齐，如图 7-42 所示。

图 7-42　编排素材剪辑

3　在效果面板中展开"视频过渡"文件夹，选择合适的过渡效果并添加到视频轨道中各个图像剪辑之间，编辑出所有图像在切换时的过渡动画效果，如图 7-43 所示。

4　执行"文件→新建→字幕"命令，打开"新建字幕"对话框，将新建的字幕素材命名为"标题"，然后单击"确定"按钮。

5　打开字幕设计器窗口，选择"文字工具"**T**并输入文字"长城长"，然后在字幕样式面板中单击上一案例中创建的自定义样式进行应用，如图 7-44 所示。

6　关闭字幕设计器窗口，回到项目窗口中，将编辑好的"标题"字幕添加到时间轴窗口的视频 2 轨道中，将其入点定位在从 1 秒开始并延长其持续时间到 16 秒，如图 7-45 所示。

图 7-43　添加视频过渡效果

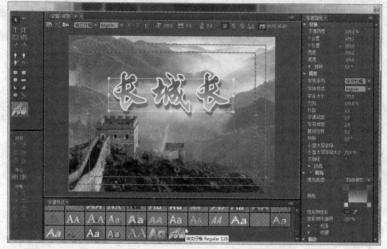

图 7-44　输入文字并应用自定义样式

图 7-45　加入字幕素材并延长持续时间

7　在效果面板中展开"视频过渡→溶解"文件夹，选择"交叉溶解"效果并添加到"标题"字幕剪辑的开始和结束位置，然后将它们的持续时间都调整到 2 秒，如图 7-46 所示。

图 7-46　添加视频过渡效果

8　执行"字幕→新建→默认游动字幕"命令，在打开的"新建字幕"对话框中输入字幕名称，然后单击"确定"按钮，打开字幕设计器窗口，如图 7-47 所示。

9　选择"文字工具" ，设置字体为微软雅黑，字号为 35，在字幕编辑窗口中字幕安全框的左下角单击确定输入光标位置，输入文字内容，如图 7-48 所示。

10　在字幕属性面板中的"填充"选项组中，设置"填充类型"为"线性渐变"，为字幕文本设置从绿色到黄色的线性渐变色。单击"外描边"选项后面的"添加"按钮，为其设置类型为"深度"，大小为 40.0，角度为 45° 的蓝色描边色，如图 7-49 所示。

图 7-47　"新建字幕"对话框　　　　　　　　　　图 7-48　输入歌词文字

11 单击"滚动/游动选项" 按钮，在打开的"滚动/游动选项"对话框中勾选"开始于屏幕外"和"结束于屏幕外"该复选框，在"缓出"文本框中输入 20，然后单击"确定"按钮，使编辑的字幕在影片中游动播放时，在播放该字幕剪辑结束前 20 帧向左游动出画面左边，如图 7-50 所示。

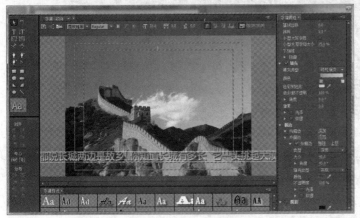

图 7-49　设置字幕填充色　　　　　　　　　图 7-50　设置游动的持续时间

12 关闭字幕设计器窗口，回到项目窗口中，将新编辑好的歌词字幕素材拖入时间轴窗口中视频轨道上方的空白处，程序将自动新建视频 4 轨道并放置该字幕剪辑，然后将其移动到从第 18 秒开始，并延长其持续时间与视频 1 轨道中的素材剪辑结束时间对齐，如图 7-51 所示。

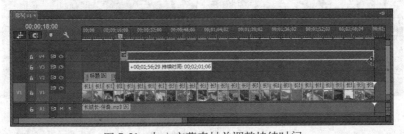

图 7-51　加入字幕素材并调整持续时间

13 单击项目窗口下面的"新建项"按钮，在弹出的命令选单中选择"颜色遮罩"命令，在弹出的"新建颜色遮罩"对话框中单击"确定"按钮，在打开的"拾色器"窗口中设置新建颜色遮罩的色彩为水蓝色，如图 7-52 所示。

图 7-52　新建并设置颜色遮罩

14 单击"确定"按钮并在弹出的对话框中为新建颜色遮罩命名。单击"确定"按钮，然后将项目窗口中新增的颜色遮罩素材加入时间轴窗口的视频 3 轨道中，并设置其持续时间与视频 4 轨道中的字幕剪辑的持续时间对齐，如图 7-53 所示。

图 7-53　加入颜色遮罩素材

15 打开效果控件面板，取消"运动"选项组中对"等比缩放"选项的勾选，设置"缩放高度"为 10.0%，将其移动到画面中字幕文本的下层对应位置。为其创建从第 18 秒到第 18 秒 20 帧，"不透明度"选项从 0~20.0% 的关键帧动画，作为配合字幕文字显示的背衬色条，使字幕的显示可以更清晰，如图 7-54 所示。

图 7-54　编辑颜色遮罩的显示

16 编辑好影片效果后，按"Ctrl+S"键执行保存。执行"文件→导出→媒体"命令，在打开的"导出设置"对话框中设置合适的参数，输出影片文件，如图 7-55 所示。

图 7-55　输出影片文件

7.2.2　项目 2　编辑滚动字幕影片——史话成都

素材目录	光盘\实例文件\第 7 章\项目 7.2.2\Media\
项目文件	光盘\实例文件\第 7 章\项目 7.2.2\Complete\史话成都.prproj
输出文件	光盘\实例文件\第 7 章\项目 7.2.2\Export\史话成都.flv
操作点拨	滚动字幕是指在画面的垂直方向从下往上运动的动画字幕。本实例是以"史话成都"为主题的介绍历史名称文明发展的音乐欣赏短片。 (1) 在时间轴窗口中编排准备好的图像素材并添加视频过渡效果。 (2) 新建滚动字幕，先在字幕设计器窗口中编辑标题文字并应用创建的自定义字幕样式设置文字效果。 (3) 绘制文本框并输入介绍文字，通过字幕属性面板设置字体、字号、填充色、描边、阴影等效果。 (4) 绘制一个矩形并设置半透明的渐变填充，将其移到文字的下层作为底衬背景。 (5) 在"滚动/游动选项"对话框中设置字幕的滚动动画时间范围，然后将编辑好的滚动字幕素材加入到时间轴窗口中，调整好持续时间，完成影片的编辑

本实例的最终完成效果，如图 7-56 所示。

图 7-56　实例完成效果

图 7-56 (续)

操作步骤

1 在项目窗口中的空白处双击鼠标左键,打开"导入"对话框,选择本实例素材目录中准备的音频和图像素材并导入。

2 按"Ctrl+N"快捷键,新建一个 NTSC 制式的合成序列。在按住"Shift"键的同时,在项目窗口中依次选择所有的图像并加入时间轴窗口的视频轨道中,然后将音频素材加入音频轨道中,修剪音频剪辑的出点与视频轨道中剪辑的出点对齐,如图 7-57 所示。

图 7-57　编排素材剪辑

3 在效果面板中展开"视频过渡"文件夹,选择合适的过渡效果并添加到视频轨道的各个图像剪辑之间,编辑所有图像在切换时的过渡动画效果,如图 7-58 所示。

图 7-58　添加视频过渡效果

4 执行"字幕→新建→默认滚动字幕"命令,在打开的"新建字幕"对话框中输入字幕名称,然后单击"确定"按钮,打开字幕设计器窗口。

5 打开字幕设计器窗口,选择"文字工具"并输入文字"史话成都",然后通过字幕属性面板,为输入的文字设置字体、字号、填充色等效果,如图 7-59 所示。

6 在字幕工具面板中选择"区域文字工具",在字幕编辑窗口中绘制一个文本输入框,如图 7-60 所示。

7 在字幕属性面板中设置输入文本的字体为微软雅黑,字号为 20,行距为 5,输入需要的文本内容,如图 7-61 所示。

图 7-59 输入文字并应用自定义样式

图 7-60 绘制文本框

图 7-61 输入文字内容

8 在字幕属性面板中展开"填充"选项组，设置"填充类型"为"线性渐变"，为字幕文本设置从黄色到红色的线性渐变色。单击"外描边"选项后面的"添加"按钮，为其设置大小为 30.0 的深红色描边色。勾选"阴影"复选框并设置不透明度为 40% 的深灰蓝色投影，如图 7-62 所示。

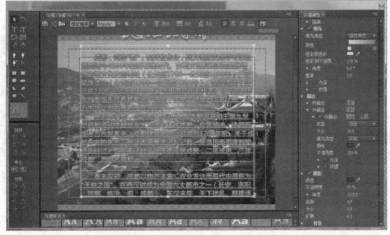

图 7-62 设置文本填充与描边

9 在字幕工具面板中选择"矩形工具" 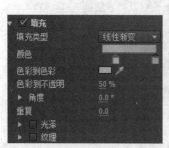，在字幕编辑窗口中绘制一个覆盖所有文字范围的矩形，然后在字幕属性面板中设置其填充色为 50%不透明度的绿色到 50%不透明度的蓝色的线性渐变，并取消描边边框，如图 7-63 所示。

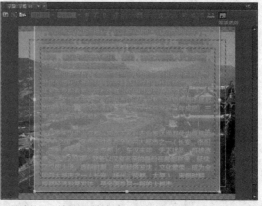

图 7-63 绘制矩形并设置填充色

10 新绘制的矩形位于字幕文本的上层，需要将其移到文本的下层作为背景色：在矩形上单击鼠标右键并选择"排列→移到最后"命令，将其移动到字幕文本的下层，如图 7-64 所示。

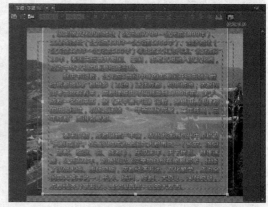

图 7-64 移动矩形到下层

11 单击"滚动/游动选项"  按钮，在打开的"滚动/游动选项"对话框中，勾选"开始于屏幕外"和"结束于屏幕外"该复选框，设置"缓入"、"缓出"的时间为 20 帧，然后单击"确定"按钮，使编辑的字幕在影片开始后，从第 20 帧开始从画面底部向上滚动，在影片结束前 20 帧时滚动出画面顶部，如图 7-65 所示。

图 7-65 设置滚动时间

12 关闭字幕设计器窗口，回到项目窗口中，将编辑好的字幕素材加入时间轴窗口的视频 2 轨道中，并延长其持续时间与视频 1 轨道中的素材剪辑结束时间对齐，如图 7-66 所示。

13 在效果面板中展开"音频过渡"文件夹，选择一个音频淡化过渡效果添加到音频轨道中音频剪辑的末尾，编辑出音频在即将播放结束时的淡出效果，如图 7-67 所示。

图 7-66　加入字幕素材

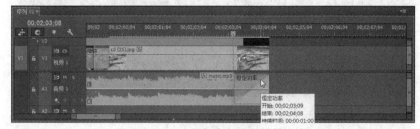

图 7-67　添加音频淡出效果

14 编辑好影片效果后，按"Ctrl+S"键执行保存。执行"文件→导出→媒体"命令，在打开的"导出设置"对话框中设置合适的参数，输出影片文件，如图 7-68 所示。

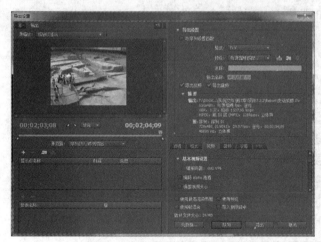

图 7-68　输出影片

7.3　课后练习

1. 编辑四色渐变的字幕填充效果

应用本章中学习设置字幕外观效果的方法，编辑如图 7-69 所示的字幕文字效果，并将其创建为自定义的字幕样式。在字幕属性面板中勾选"背景"复选框，为编辑的字幕文本设置背景填充色。

2. 编辑诗词欣赏滚动字幕短片

应用本章中学习了解的滚动字幕动画编辑方法，利用本书配套光盘中"实例文件\第 7 章\练习 7.3.2\Media"目录下准备的图像和音频素材文件，编辑一个诗词欣赏短片的效果，如图 7-70 所示。

图 7-69　编辑字幕文字外观效果

操作步骤

1　将项目窗口中的图像、音频素材加入合成序列的对应轨道中，并修剪视频和音频剪辑的持续时间到出点对齐。

2　选择合适的视频过渡效果并添加到视频轨道中各个图像剪辑之间，编辑出所有图像在切换时的过渡动画效果。

3　新建滚动字幕，在字幕设计器窗口中选择"文字工具" T 输入标题文字，然后通过字幕属性面板，为输入的文字设置字体、字号、填充色等效果。

4　在字幕工具面板中选取"区域文字工具"，在字幕编辑窗口中绘制文本输入框并输入需要的文本内容，设置好文本的基本属性和填充效果。

5　选取"矩形工具"绘制一个覆盖所有文字范围的矩形，为其设置半透明度的线性渐变填充，并将其移动到字幕文本的下层作为背景。

6　单击"滚动/游动选项"按钮，在打开的"滚动/游动选项"对话框中，勾选"开始于屏幕外"和"结束于屏幕外"该复选框，设置合适的"缓入"、"缓出"时间。

7　将编辑好的滚动字幕素材加入到合成序列的时间轴窗口中，完成影片的编辑。

图 7-70　编辑诗词字幕文字

第8章 影片输出设置

本章重点

➤ 快速执行影片输出渲染测试

➤ 自定义输出时间范围

➤ 输出序列图像文件

➤ 裁切画面并输出 GIF 动画

➤ 只输出序列中的音频内容

8.1 实例1 快速执行影片输出渲染测试

项目文件	光盘\实例文件\第 8 章\实例 8.1.1\Complete\太空谍影.prproj
输出目录	光盘\实例文件\第 8 章\实例 8.1.1\Export\
实例要点	在编辑过程中，可以选取执行渲染命令，快速测试当前工作序列中编辑完成的影片效果，并直接以合成序列的视频属性生成渲染测试文件，方便检查编辑完成的效果

操作步骤

1 打开本实例完成文件目录下准备的项目文件。

2 执行"序列→渲染入点到出点"命令，可以对当前打开的合成序列进行从入点到出点范围的所有内容的渲染输出。执行该命令后，将弹出渲染进度对话框，显示将要渲染生成的视频数量和渲染进度，如图 8-1 所示。

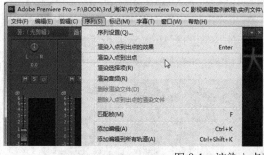

图 8-1 渲染入点到出点

- 渲染入点到出点的效果：只渲染当前工作序列的入点到出点范围内添加的所有视频效果，包括视频过渡和视频效果，每一段视频效果都将被渲染生成一个视频文件；如果序列中的素材没有应用效果或编辑动画，则只对序列执行一次播放预览，不进行渲染。
- 渲染入点到出点：渲染当前工作序列中，各视频、图像剪辑持续时间范围内以及重叠部分的影片画面，都将单独生成一个对应内容的视频文件。

- 渲染选择项：渲染在序列中当前选择的包含动画内容的素材剪辑，也就是视频素材剪辑，或应用了视频效果或视频过渡的剪辑；如果选择的是没有动画效果的图像素材或音频素材，那么将执行一次该素材持续时间范围内的预览播放。
- 渲染音频：渲染当前序列中的音频内容，包括单独的音频素材剪辑和视频文件中包含的音频内容，每个音频内容将渲染生成对应的*.CFA 和*.PEK 文件。

　　3　渲染完成后，在项目文件的保存目录（或系统自动生成的临时缓存目录）中，将自动生成名为 Adobe Premiere Pro Preview Files 的文件夹并存放渲染得到的视频文件，如图 8-2 所示。

图 8-2　渲染生成的测试文件

8.2　实例 2　自定义输出时间范围

项目文件	光盘\实例文件\第 8 章\实例 8.1.2\Complete\快慢变速与镜头倒放特效.prproj
输出目录	光盘\实例文件\第 8 章\实例 8.1.2\Export\
实例要点	在进行影片输出时，可以在"导出设置"对话框中通过输出范围的入点和出点设置，自定义输出的时间范围，得到需要的影片片段输出

操作步骤

　　1　打开本实例完成文件目录下准备的项目文件。

　　2　执行"文件→导出→媒体"命令，在"导出设置"对话框打开后，勾选"导出设置"选项中的"与序列设置匹配"复选框，应用工作序列的视频属性进行输出，然后单击"输出名称"后面的文字按钮，为输出影片指定保存目录，如图 8-3 所示。

图 8-3　勾选"与序列设置匹配"复选框并指定保存目录

3　拖动预览窗口下面的时间指针到影片中小朋友滑下后被抱住的位置（00;00;25;10），然后单击后面的"设置入点"按钮■，确定自定义范围的开始点，如图 8-4 所示。

4　拖动时间指针到影片中小朋友加速度滑下的片段结束位置（00;00;44;18），单击然后单击后面的"设置出点"按钮■，确定自定义范围的结束点，如图 8-5 所示。

图 8-4　设置入点

图 8-5　设置出点

5　设置好输出的时间范围后，单击"导出"按钮，执行影片输出。

6　影片输出完成后，即可在设置的输出保存目录中查看指定时间范围输出的影片文件。

8.3　实例 3　输出序列图像文件

项目文件	光盘\实例文件\第 8 章\实例 8.1.3\Complete\旋转动画的创建与编辑.prproj
输出目录	光盘\实例文件\第 8 章\实例 8.1.3\Export\
实例要点	在"输出设置"对话框中，选择导出媒体的文件格式为静态图像文件格式（如 JPEG、PNG、TIF 等），并勾选"导出为序列"复选框，即可将影片序列输出为序列图像

操作步骤

1　打开本实例完成文件目录下准备的项目文件。

2　执行"文件→导出→媒体"命令，打开"导出设置"对话框后，在"格式"下拉列表中选择 JPEG 图像文件格式，然后单击"输出名称"后面的文字按钮，为即将输出的序列图像文件指定保存目录。

3　在下面的"视频"选项卡中，勾选"导出为序列"复选框，并根据需要对输出图像文件的质量、尺寸、帧速率、像素长宽比等选项进行设置，如图 8-6 所示。

图 8-6　设置序列图像文件输出选项

4 单击"导出"按钮执行输出。输出完毕后，即可在设置的输出保存目录中查看生成的序列图像文件了，如图 8-7 所示。

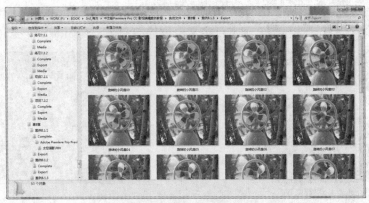

图 8-7 输出的序列图像文件

8.4 实例 4 裁切画面并输出 GIF 动画

项目文件	光盘\实例文件\第 8 章\实例 8.1.4\Complete\不透明度动画的创建与编辑.prproj
输出目录	光盘\实例文件\第 8 章\实例 8.1.4\Export\
实例要点	在支持导出的文件格式中，还可以选择动态 GIF 图像文件格式，生成单独的动画图像文件。可以利用对源图像的范围裁切功能，只截取合成序列影像中的部分范围来执行输出

操作步骤

1 打开本实例完成文件目录下准备的项目文件。

2 执行"文件→导出→媒体"命令，打开"导出设置"对话框后，在"格式"下拉列表中选择"动画 GIF"图像文件格式，然后单击"输出名称"后面的文字按钮，为即将输出的序列图像文件指定保存目录。

3 单击展开预览窗口上方的"源"标签，按"裁切输出视频"按钮，在预览窗口边缘显示出裁切控制线后，用鼠标分别拖动各条边缘控制线，确定需要输出的图像范围，如图 8-8 所示。

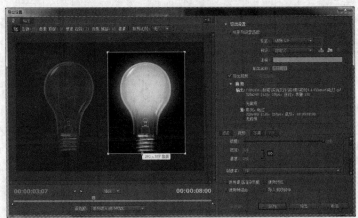

图 8-8 裁切需要输出的图像范围

4　调整好裁切输出图像范围后，单击预览窗口上方的"输出"标签，可以预览确定裁切范围后的图像内容，如图 8-9 所示。

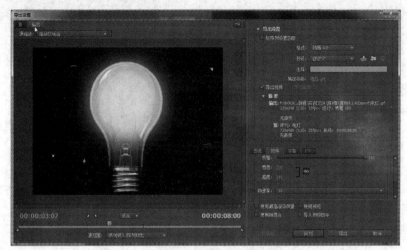

图 8-9　预览确定裁切范围后的图像内容

5　单击"导出"按钮执行输出，输出完毕后，即可在设置的输出保存目录中查看生成的动画 GIF 文件，如图 8-10 所示。

图 8-10　查看输出文件

8.5　实例 5　只输出序列中的音频内容

项目文件	光盘\实例文件\第 8 章\实例 8.1.5\Complete\天籁纯音.prproj
输出目录	光盘\实例文件\第 8 章\实例 8.1.5\Export\
实例要点	利用 Premiere Pro CC 丰富的音频特效，可以将 Premiere 转变成一个音频特效编辑工具，在影片项目中对音频剪辑应用各种特效编辑出需要的音乐效果后，可以在导出设置中选择只输出音频内容，得到独立的音频文件

操作步骤

1　打开本实例完成文件目录下准备的项目文件，下面对该项目文件中编辑完成的 5.1 立体环绕声进行独立音频文件输出的操作训练，如图 8-11 所示。

2　执行"文件→导出→媒体"命令，打开"导出设置"对话框后，在"格式"下拉列表中选择一种音频文件格式（如 MP3），然后单击"输出名称"后面的文字按钮，为即将输出的序列图像文件指定保存目录。

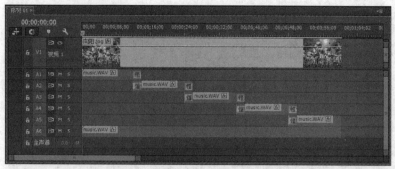

图 8-11 编辑完成的 5.1 声道序列

3 在下面的"音频"标签中，可以为输出生成的音频文件设置与当前所选音频文件格式对应的音频属性参数，如声道类型、音频比特率、解码质量等，如图 8-12 所示。

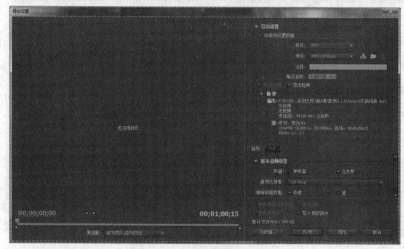

图 8-12 设置输出音频文件

4 设置需要的参数后，单击"导出"按钮执行输出。输出完毕后，即可在设置的输出保存目录中查看生成的 MP3 音乐文件，如图 8-13 所示。

图 8-13 输出生成的 MP3 文件

8.6　课后练习

1. 将影片项目输出 MOV 格式文件

将本书配套光盘中\实例文件\第 3 章\项目 3.2.2\Complete\梦醒时分.prproj 项目文件，以 Quicktime 视频格式输出，并对更改视频大小后出现的画面黑边进行缩放填充处理，最后输出 Mov 格式影片，如图 8-14 所示。

图 8-14　输出的 FLV 格式影片

2. 输出影片项目中的音频为 WAV 格式

将本书配套光盘中\实例文件\第 6 章\项目 6.2.1\Complete\音乐大厅的回响.prproj 项目文件，以"波形音频"格式输出影片项目中编辑好的音频内容，并设置音频解码器为 Microsoft ADPCM，设置采样率为 22kHz，如图 8-15 所示。

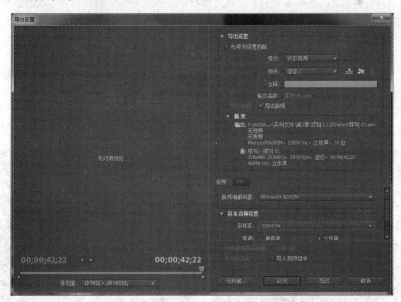

图 8-15　将项目中的音频输出为 WAV 文件

第 9 章　影视编辑综合实战

本章重点

➢ 经典歌曲 KTV——牡丹之歌
➢ 旅游主题宣传片——醉美四川
➢ 体育栏目片头——篮球空间

9.1　经典歌曲 KTV——牡丹之歌

素材目录	光盘\实例文件\第 9 章\实战案例 9.1\Media\
项目文件	光盘\实例文件\第 9 章\实战案例 9.1\Complete\牡丹之歌.prproj
输出文件	光盘\实例文件\第 9 章\实战案例 9.1\Export\牡丹之歌.flv
案例分析	利用 Premiere Pro CC 强大的字幕编辑能力，配合视频过渡、视频特效的动画编辑，可以很方便地进行唱词字幕与伴奏音乐播放的同步动画。在实际工作中，配合照片、拍摄视频的素材应用，可以轻松地制作个人专属的音乐 MV 影片。 （1）利用大量精美的牡丹高清照片，在时间轴中编排并添加视频过渡效果，编辑影片的背景动画。 （2）使用文字输入工具、绘图工具，编辑歌曲标题、影片结尾字幕的文字和图像并应用字幕样式。 （3）分别创建和编辑播放前、播放后的歌词字幕，并将编辑好的文字效果、填色效果创建为新的字幕样式，方便快速编辑其余歌词的外观效果。 （4）在播放预览的同时，通过单击节目监视器窗口工具栏中的"添加标记"按钮标记每句歌词字幕的位置和持续时间，作为编排所有歌词字幕的时间定位参照。 （5）为歌词字幕添加"裁剪"效果，为"左对齐"选项创建关键帧动画，编辑歌词与伴奏音乐中歌唱速度同步的字幕擦除动画效果

最终完成效果如图 9-1 所示。

图 9-1　案例完成效果

图 9-1（续）

操作步骤

1　在新建的项目中，新建一个 DV PAL 视频制式、设置场序为"无场"的工作序列，然后导入本实例素材目录中准备的所有素材文件，如图 9-2 所示。

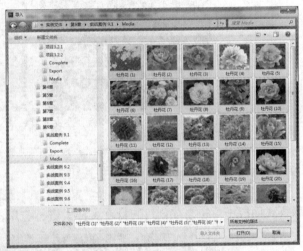

图 9-2　新建序列并导入素材

2　将导入的图像素材按文件名顺序全部加入到时间轴窗口中的视频 1 轨道中，然后将音频素材加入音频 1 轨道中，并修剪其出点到与视频轨道中素材剪辑的出点对齐，如图 9-3 所示。

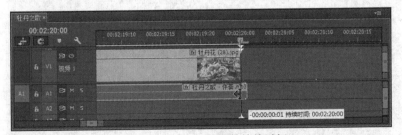

图 9-3　加入素材并调整持续时间

3　放大时间轴窗口中时间标尺的显示比例，在效果面板中展开"视频过渡"文件夹，选择合适的视频过渡效果，添加到时间轴窗口中素材剪辑之间的相邻位置，并在效果控件面板中将所有视频过渡效果的对齐位置设置为"中心切入"，如图 9-4 所示。

图 9-4 加入视频过渡效果

4 对于可以进行自定义效果设置的过渡效果，可以通过单击效果控件面板中的"自定义"按钮，打开对应的设置对话框，对该视频过渡特效的效果参数进行自定义的设置，如图 9-5 所示。

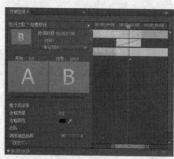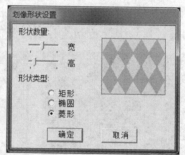

图 9-5 设置过渡效果自定义参数

5 执行"文件→新建→字幕"命令，打开"新建字幕"对话框，将新建的字幕素材命名为"歌曲名"，然后单击"确定"按钮。

6 打开字幕设计器窗口，选择"文字工具" **T** 并输入歌曲名称"牡丹之歌"，然后在字幕样式面板中单击之前创建的自定义样式进行应用，如图 9-6 所示。

图 9-6 输入字幕文字并应用样式

7 在字幕工具中面板中选择"矩形工具" ▭ ，在字幕编辑窗口中绘制一个矩形，程序将默认以步骤 6 中选择的字幕样式对其进行填充，如图 9-7 所示。

8　在字幕属性面板中设置该矩形的填充类型为"实底",设置填充色为黄色,并修改其不透明度为 50%,然后取消对"外描边"和"阴影"复选框的勾选,完成如图 9-8 所示。

图 9-7　绘制的矩形

图 9-8　修改矩形的填充修改

9　使用同样的方法,再绘制两个矩形并修改其填充色,得到的组合图形可以完全覆盖住歌曲名称的文字,如图 9-9 所示。

10　按住"Shift"的同时选择三个矩形,然后在矩形上单击鼠标右键并选择"排列→移到最后"命令,将其移动到字幕文本的下层,作为装饰背景,如图 9-10 所示。

图 9-9　绘制矩形并修改填充色

图 9-10　将矩形移至文字底层

11　关闭字幕设计器窗口,回到项目窗口中,将编辑好的字幕素材加入视频 2 轨道中的开始位置,并延长其持续时间到 10 秒,如图 9-11 所示。

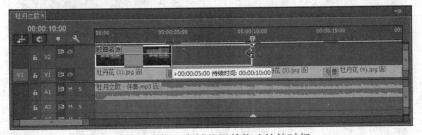

图 9-11　加入素材剪辑并修改持续时间

12　在效果面板中展开"视频过渡→溶解"文件夹,选择"交叉溶解"效果并添加到"标题"字幕剪辑的开始和结束位置,然后将它们的持续时间都调整到 2 秒,如图 9-12 所示。

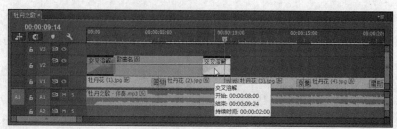

图 9-12　添加视频过渡效果

13 单击项目窗口下方的"新建项"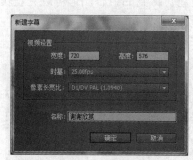按钮，在弹出的命令选单中选择"字幕"命令，新建一个命名为"谢谢欣赏"的字幕，如图 9-13 所示。

14 打开字幕设计器窗口，选择文字输入工具，在画面的右下方输出"谢谢欣赏"，并为其设置合适的文字属性和填充效果，如图 9-14 所示。

图 9-13　新建字幕　　　　　　　　　　　　　图 9-14　编辑字幕文字

15 关闭字幕设计器窗口，回到项目窗口中，将新编辑好的字幕素材加入视频 2 轨道中的结束位置，使其出点与下面图像剪辑的出点对齐。

16 在效果面板中展开"视频过渡→溶解"文件夹，选择"交叉溶解"效果并添加到该字幕剪辑的开始位置，然后调整其持续时间到 2 秒，如图 9-15 所示

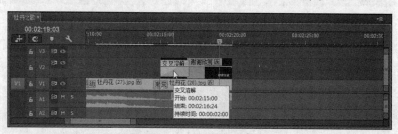

图 9-15　添加视频过渡效果

17 编辑歌词字幕。单击项目窗口下方的"新建素材箱"按钮，新建一个素材箱并命名为"歌词"，用来专门存放编辑的歌词字幕，如图 9-16 所示。

18 双击新建的素材箱，打开项目窗口后，单击"新建项"按钮在弹出的命令选单中选择"字幕"命令，新建一个命名为"歌词 01A"的字幕，如图 9-17 所示。

19 打开字幕设计器窗口，选择文本输入工具输入第一句歌词，设置合适的字体、字号、字间距，为文字设置填充蓝色并设置白色的描边色，如图 9-18 所示。

图 9-16　新建素材箱

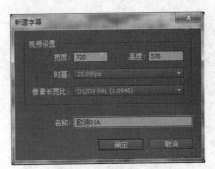

图 9-17　新建字幕

图 9-18　编辑字幕文本

20 选择编辑好的字幕文字，然后单击字幕样式面板右上角的██按钮，在弹出的命令选单中选择"新建样式"命令，将该字幕效果新建为自定义的样式："歌词 A"，作为 KTV 中预先显示并还未播放的字幕样式，方便在编辑其余歌词时直接应用，如图 9-19 所示。

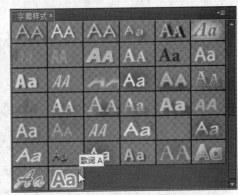

图 9-19　新建自定义字幕样式

21 关闭字幕设计器窗口，回到素材箱项目窗口。对其中的字幕："歌词 01A"进行复制、粘贴，并将新得到的字幕重命名为"歌词 01B"，如图 9-20 所示。

22 双击复制得到的字幕："歌词 01B"，打开其字幕设计器窗口，修改字幕文字的填色为白色，描边色为蓝色，如图 9-21 所示。

图 9-20　复制字幕 　　　　图 9-21　修改字幕填色与描边色

23 选择修改好填色的字幕文字，然后单击字幕样式面板右上角的 按钮并选择"新建样式"命令，将该字幕效果新建为自定义的样式："歌词 B"，作为 KTV 中歌词播放后的字幕样式，如图 9-22 所示。

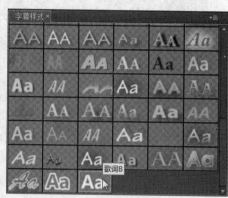

图 9-22　新建自定义字幕样式

24 使用同样的方法，继续新建两种填色样式的字幕并编辑余下的歌词字幕，如图 9-23 所示。

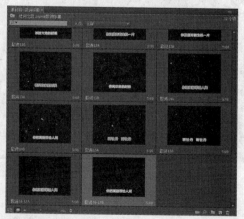

图 9-23　编辑余下歌词字幕

25 对第一个字幕素材进行复制、粘贴并重命名为："倒计时提示"。打开其字幕设计器窗口，选择文本输入工具，在字幕编辑窗口中的空白出输入"……"，应用同样的字幕样式后，将其移动到歌词文字的左上方，然后删除下面的歌词字幕，如图 9-24 所示。

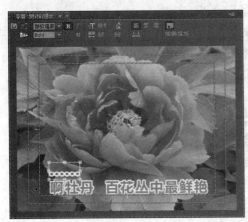

图 9-24　编辑倒计时提示符

26 关闭字幕设计器窗口，回到工作界面中。在节目监视器窗口中将时间指针移动到开始位置，然后按空格键进行播放预览。在播放预览的同时，在每句歌词出现和结束的时间位置，单击节目监视器窗口工具栏中的"添加标记"按钮 ，以这些标记作为编排歌词字幕的位置和持续时间，如图 9-25 所示。

图 9-25　添加标记作为时间参考

27 将时间指针定位到第一个标记点的位置，然后从素材箱中将"歌词 01B"、"歌词 01B"、"倒计时提示"字幕素材依次加入视频 3、4、5 轨道中，并延长它们的持续时间到第一句歌词结束的位置，如图 9-26 所示。

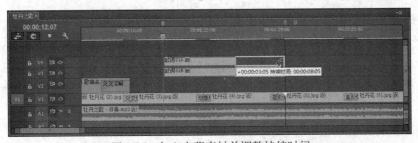

图 9-26　加入字幕素材并调整持续时间

28 将"倒计时提示"字幕加入视频 5 轨道中并定位到第一句歌词开始前 3 秒的位置，然后将出点移动到与第一句歌词的入点对齐，如图 9-27 所示。

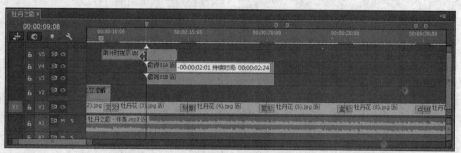

图 9-27 加入字幕素材并调整持续时间

29 将"歌词 01A"加入视频 4 轨道中并使其入点与"倒计时提示"字幕对齐，然后在工具面板中选择"滚动编辑工具" ，将其出点移动到与"倒计时提示"字幕对齐的出点对齐，同时使后面的"歌词 01A"恢复原有持续时间，如图 9-28 所示。

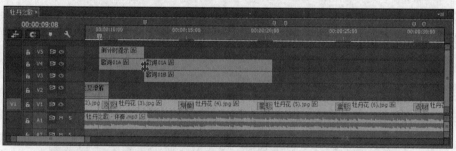

图 9-28 加入字幕素材并调整持续时间

30 在效果面板中展开"视频过渡→擦除"文件夹，选择"划出"效果并添加到"倒计时提示"字幕剪辑的结束位置，然后将其持续时间向前修剪到与入点对齐，如图 9-29 所示。

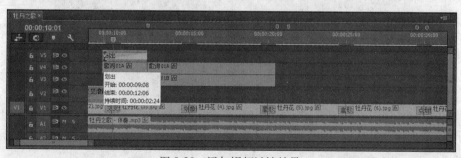

图 9-29 添加视频过渡效果

31 打开效果控件面板，将"划出"过渡效果的动画方向设置为"自东向西"，然后配合节目监视器窗口中"倒计时提示"字幕的擦除动画，对过渡效果的开始进度和结束进度进行调整，使其在显示后很快开始进行擦除，并刚好在出点擦除完毕，如图 9-30 所示。

32 在效果面板中展开"视频效果→变化"文件夹，选择"裁剪"效果并添加视频 4 轨道中第二个"歌词 01A"字幕剪辑上，然后在效果控件面板中展开"裁剪"效果的参数选项，按"左对齐"选项前面的"切换动画"按钮 ，配合节目监视器窗口中"歌词 01A"字幕的清除动画，在合适的时间位置修改该选项的参数值，得到与伴奏音乐中歌唱速度同步的字幕擦除动画效果，如图 9-31 所示。

图 9-30　编辑倒计时提示动画

图 9-31　编辑字幕擦除关键帧动画

33 用同样的方法，对余下歌词字幕的伴奏同步动画进行编辑。在编辑时，在之前标记时间位置的基础上，注意再次确认并调整准确各歌词出现的时间和结束位置。

34 在视频 3、4 轨道中最后一句歌词的结束位置添加"交叉溶解"视频过渡效果，编辑完成的时间轴窗口如图 9-32 所示。

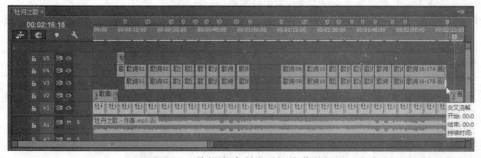

图 9-32　编辑完成所有歌词字幕剪辑

35 编辑好影片效果后，按"Ctrl+S"键执行保存。执行"文件→导出→媒体"命令，在打开的"导出设置"对话框中设置合适的参数，输出影片文件，如图 9-33 所示。

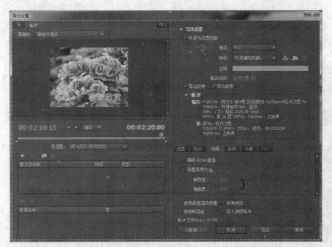 

图 9-33　输出影片

9.2　旅游主题宣传片——醉美四川

素材目录	光盘\实例文件\第 9 章\实战案例 9.2\Media\
项目文件	光盘\实例文件\第 9 章\实战案例 9.2\Complete\醉美四川.prproj
输出文件	光盘\实例文件\第 9 章\实战案例 9.2\Export\醉美四川.flv
案例分析	通过编辑关键帧动画，可以得到比应用视频过渡效果更好的动感表现。在编辑应用了大量图像素材制作主题影片项目时，要注意在图像切换之间应用贴合画面内容表现的过渡效果或编辑动画，而且还要注意选择适合影片动画风格和内容意境的背景音乐，使影片整体播放效果流畅自然。在实际工作中，还可以参考本实例的编辑方法，完成应用大量照片素材制作动感电子相册的项目。 （1）通过在"首选项"参数中对"静止图像默认持续时间"选项进行修改，将导入到项目中的所有图像素材都设置好需要的默认持续时间，以适应影片的编辑需要。 （2）将准备的图像素材导入并加入到合成序列中，调整图像的尺寸使之适合影片画面，然后根据图像的长宽比例选择进行缩放或平移动画的编辑，并对动画关键帧进行运动曲线的设置，得到逐渐放缓运动的动画效果。 （3）通过为图像创建淡入、淡出动画效果，编辑上下层图像的切换衔接，并选取适合画面表现的视频切换效果，完成所有图像剪辑的动画编排。 （4）创建字幕并在应用自定义字幕样式的基础上编辑需要的文字效果，为其创建位移和淡入关键帧动画。对于多个相同样式的字幕，可以通过复制编辑好的字幕来得到新的字幕素材，对新的字幕进行修改调整即可快速完成编辑。 （5）选择扭曲变形的视频效果添加到主题字幕上，为其编辑合适的关键帧动画以配合主题含义的表现。加入背景音乐并应用音频过渡效果编辑淡出音效，得到图像、声音完美配合的动感影片

最终完成效果如图 9-34 所示。

图 9-34　案例完成效果

操作步骤

1　启动 Premiere Pro CC，为新建的项目命名并设置好保存目录后，执行"编辑→首选项→常规"目录，在打开的"首选项"对话框中，将静止图像默认持续时间修改为 100 帧，如图 9-35 所示。

2　新建一个合成序列，打开"新建序列"对话框后，在"序列预设"标签中选择 DV NTSC 视频制式，展开"设置"标签，在"编辑模式"下拉列表中选择"自定义"，然后设置"时基"为 25 帧/秒，场序为"无场"，如图 9-36 所示。

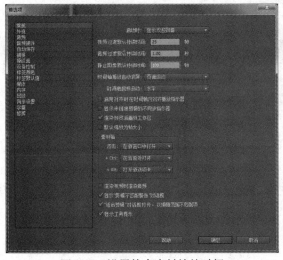

图 9-35　设置静态素材持续时间　　　　图 9-36　设置新建的合成序列

3　导入本实例素材目录中准备的所有素材文件。从项目窗口中将"BG.jpg"加入视频 1 轨道中，并暂时将其持续时间延长到 1 分 25 秒，作为影片的背景画面，如图 9-37 所示。

4　将"A01.jpg"加入视频 2 轨道中，打开效果控件面板，修改其"缩放"参数为 77%，以匹配影片画面的高度。按"位置"、"不透明度"前面的"切换动画"按钮，为其创建从右向左移动并逐渐显现的关键帧动画在位移动画的结束关键帧上单击鼠标右键并选择"缓入"选项，使素材图像的运动逐渐放缓到停止，如图 9-38 所示。

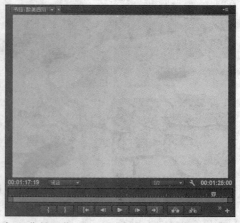

图 9-37　加入背景图像

		00:00:00:00	00:00:01:00	00:00:03:00	
⏱	不透明度	0%	100%		
⏱	位　置	420.0,240.0		300.0,240.0	

图 9-38　编辑关键帧动画

5　将"A02.jpg"加入视频 3 轨道中，安排其入点从第 3 秒开始。打开效果控件面板，按"缩放"、"不透明度"前面的"切换动画"按钮，为其创建逐渐放大并逐渐显现的关键帧动画。在缩放动画的结束关键帧上单击鼠标右键并选择"缓入"选项，使素材图像的缩放动画逐渐放缓到停止，如图 9-39 所示。

6　将"A03.jpg"加入视频 2 轨道中，安排其入点从第 6 秒开始。选择视频 3 轨道中的"A02.jpg"，为其"不透明度"选项在第 6 秒和出点添加关键帧，编辑图像逐渐淡出到透明的效果，使下层视频 2 轨道中的图像逐渐显现出来，如图 9-40 所示。

7　选择视频 2 轨道中的"A03.jpg"，打开效果控件面板，修改其"缩放"参数为 75%，以匹配影片画面的高度。为其编辑从开始到第 8 秒，图像在画面中从左（303.0,240.0）向右（417.0,240.0）运动的关键帧动画，同样为其结束关键帧设置缓入动画效果，如图 9-41 所示。

		00:00:03:00	00:00:04:00	00:00:05:00	
⏱	不透明度	0%	100%		
⏱	缩放	74%		95%	

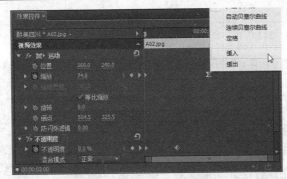

图 9-39　编辑关键帧动画

图 9-40　添加素材并编辑不透明度动画

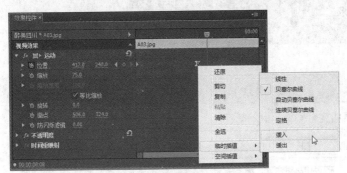

图 9-41　编辑关键帧动画

8　将"A04.jpg"加入视频 3 轨道中，安排其入点从第 9 秒开始。打开效果控件面板，修改其"缩放"参数为 92%，以匹配影片画面的高度。按"位置"、"不透明度"前面的"切换动画"按钮，为其创建从右向左移动并逐渐显现的关键帧动画。同样为位移动画的结束关键帧设置缓入动画效果，如图 9-42 所示。

9　将"A05.jpg"加入视频 2 轨道中，安排其入点从第 12 秒开始。打开效果控件面板，修改其"缩放"参数为 70%，以匹配影片画面的高度。为其编辑从开始到第 14 秒，图像在画面中从左（260.0,240.0）向右（470.0,240.0）运动的关键帧动画，同样为其结束关键帧设置缓入动画效果，如图 9-43 所示。

10　将"A06.jpg"加入视频 3 轨道中，安排其入点从第 15 秒开始。打开效果控件面板，按"缩放"、"不透明度"前面的"切换动画"按钮，为其创建逐渐缩小并逐渐显现的关键帧

动画。在缩放动画的结束关键帧上单击鼠标右键并选择"缓入"选项，使素材图像的缩放动画逐渐放缓到停止，如图 9-44 所示。

		00:00:09:00	00:00:10:00	00:00:11:00	00:00:12:00	00:00:13:00
⏱	不透明度	0%	100%		100%	0%
⏱	位移	513.0,240.0		207.0,240.0		

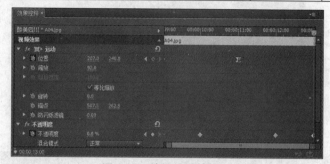

图 9-42　编辑关键帧动画

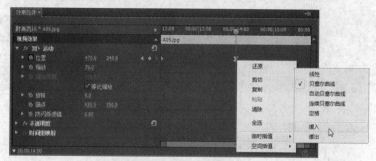

图 9-43　编辑关键帧动画

		00:00:15:00	00:00:16:00	00:00:17:00	
⏱	不透明度	0%	100%		
⏱	缩放	100%		55%	

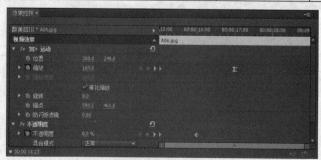

图 9-44　编辑关键帧动画

11 将时间指针定位在第 1 秒的位置，执行"文件→新建→字幕"命令，打开"新建字幕"对话框，将新建的字幕素材命名为"美景"，然后单击"确定"按钮。

12 打开字幕设计器窗口，选择"文字工具" Ｔ 并输入文字"美景"，将其移动到右下方合适的位置。在字幕样式面板中单击之前创建的自定义样式进行应用,然后修改其字号为 70,阴影颜色为深蓝色并调整阴影效果参数,如图 9-45 所示。

图 9-45 输入字幕文字并应用样式

13 关闭字幕设计器窗口,从项目窗口中将新建的字幕素材加入视频 4 轨道中并定位其入点从第 1 秒开始,然后延长其持续时间到与 "A06.jpg" 的出点对齐,如图 9-46 所示。

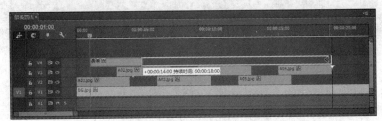

图 9-46 加入字幕素材

14 打开效果控件面板,按 "位置"、"不透明度" 前面的 "切换动画" 按钮,为其创建从上向下移动并逐渐显现、在结束前 1 秒到出点位置淡出到透明的关键帧动画。在位移动画的结束关键帧上单击鼠标右键并选择 "缓入" 选项,使素材图像的运动逐渐放缓到停止,如图 9-47 所示。

		00:00:01:00	00:00:03:00	00:00:18:00	00:00:19:00
⏱	不透明度	0%	100%	100%	0%
⏱	位置	360.0,140.0	360.0,240.0		

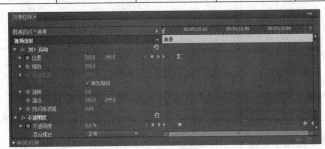

图 9-47 编辑关键帧动画

15 将时间指针定位在第 2 秒的位置。在项目窗口中单击"新建项" ⬚ 按钮，在弹出的命令选单中选择"字幕"命令，新建一个命名为"Scenery"的字幕，然后单击"确定"按钮。

16 打开字幕设计器窗口，选择"文字工具" **T** 并输入文字"Scenery"，将其移动到"美食"下方合适的位置。在字幕样式面板中单击之前创建的自定义样式进行应用，然后修改其字号为 60 并调整阴影效果参数，如图 9-48 所示。

图 9-48 输入字幕文字并应用样式

17 从项目窗口中将新建的字幕素材加入视频 5 轨道中并定位其入点从第 2 秒开始，然后延长其持续时间与"A06.jpg"的出点对齐，如图 9-49 所示。

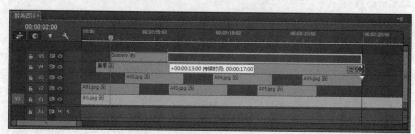

图 9-49 加入字幕素材

18 打开效果控件面板，按"位置"、"不透明度"前面的"切换动画"按钮，为其创建从左向右移动并逐渐显现、在结束前 1 秒到出点位置淡出到透明的关键帧动画。在位移动画的结束关键帧上单击鼠标右键并选择"缓入"选项，使素材图像的运动逐渐放缓到停止，如图 9-50 所示。

19 从项目窗口中将素材"B01.jpg"加入视频 3 轨道中"A06.jpg"的后面，然后在效果面板中展开"视频过渡→溶解"文件夹，选择"叠加溶解"效果并添加到两个素材剪辑之间的位置，在效果控件面板中设置其对齐方式为"中心切入"，如图 9-51 所示。

20 参考第一组"美景"主题内容的编辑方法，利用项目窗口中准备的 B、C、D 图像素材组，依次编辑"美食"、"历史"、"人文"主题的影片内容，完成效果如图 9-52 所示。

	00:00:02:00	00:00:04:00	00:00:18:00	00:00:19:00
不透明度	0%	100%	100%	0%
位置	200.0,240.0	360.0,240.0		

图 9-50　编辑关键帧动画

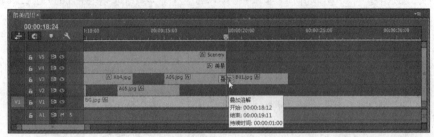

图 9-51　添加视频过渡效果

图 9-52　编辑其余三组影片内容

21 选择视频2轨道中结尾的"D06.jpg"，在效果控件面板中为其编辑最后一秒内逐渐淡出到透明的关键帧动画，使节目监视器窗口中的画面逐渐显现出背景图像，如图9-53所示。

图9-53　编辑图像淡出动画

22 从项目窗口中将"MAP.jpg"加入视频2轨道中"D06.jpg"的后面，延长其持续时间到1分25秒的位置，如图9-54所示。

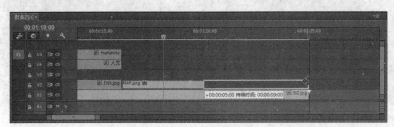

图9-54　加入素材并延长持续时间

23 打开效果控件面板，为"MAP.jpg"编辑在开始的两秒内从50%放大到80%并逐渐淡入显示的关键帧动画，并将缩放动画的结束关键帧设置为缓入，如图9-55所示。

图9-55　编辑图像淡入动画

24 将时间指针定位在1分18秒的位置，新建一个字幕素材："醉美四川"，在字幕设计器窗口中输入文字并为其设置字体（金梅毛行书）、字号（120）、填充效果，放置在合适的位置，如图9-56所示。

25 关闭字幕设计器窗口，将编辑好的字幕加入时间轴窗口中1分18秒的位置，并延长其持续时间到与下层剪辑的出点对齐。

26 打开效果控件面板，为该字幕编辑在开始的三秒内从130%缩小到100%并逐渐淡入显示的关键帧动画，并将缩放动画的结束关键帧设置为缓入，如图9-57所示。

图 9-56　编辑标题文字

图 9-57　编辑图像淡入动画

27 打开效果面板并展开"视频效果→扭曲"文件夹，选择"紊乱置换"效果并添加到字幕剪辑上。在效果控件面板中展开其选项组，在"置换"下拉列表中选择"湍流"，按"数量"、"大小"前面的"切换动画"按钮，为其创建扭曲复位动画，并将其动画的结束关键帧设置为缓入，如图 9-58 所示。

		00:01:18:00	00:01:21:00		
	数量	250	0		
	大小	15	5		

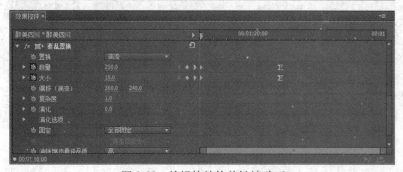

图 9-58　编辑特效的关键帧动画

28 将时间指针定位在 1 分 21 秒的位置，新建一个字幕素材："欢迎您"，在字幕设计器窗口中输入文字并为其设置字体（微软雅黑）、字号（75）、字间距（30）、填充效果，放置在合适的位置，如图 9-59 所示。

图 9-59　编辑欢迎语文字

29 关闭字幕设计器窗口，将编辑好的字幕加入到时间轴窗口中 1 分 21 秒的位置，并为其编辑在开始后 1 秒内的淡入动画效果，如图 9-60 所示。

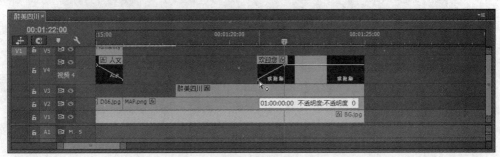

图 9-60　为字幕编辑淡入动画

30 从项目窗口中选择音频素材"music.mp3"，将其加入到音频 1 轨道中并修剪其出点与视频轨道中剪辑的出点对齐，如图 9-61 所示。

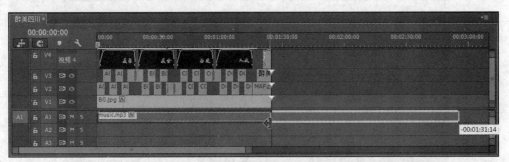

图 9-61　加入背景音乐

31 打开效果面板并选择"音频效果→交叉淡化→恒定功率"效果，将其添加到背景音乐剪辑的末尾并向前调整其持续时间为 4 秒，为其编辑音量淡出效果，如图 9-62 所示。

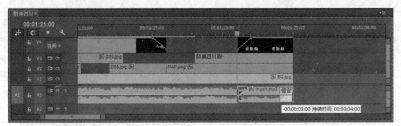

图 9-62 为音频剪辑编辑淡出效果

32 编辑好影片效果后，按"Ctrl+S"键执行保存。执行"文件→导出→媒体"命令，在打开的"导出设置"对话框中设置合适的参数，输出影片文件，如图 9-63 所示。

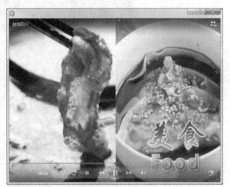

图 9-63 输出影片

9.3 体育栏目片头——篮球空间

素材目录	光盘\实例文件\第 9 章\实战案例 9.3\Media\
项目文件	光盘\实例文件\第 9 章\实战案例 9.3\Complete\篮球空间.prproj
输出文件	光盘\实例文件\第 9 章\实战案例 9.3\Export\篮球空间.flv
案例分析	在影视项目的编辑制作中，要学会利用 Premiere 的功能特点进行创意表现，只要恰当利用，常常只需要使用一些很简单的功能，或只使用一个特效，就可以轻松地制作出充满创意的设计作品。本实例就是主要应用"边角定位"特效从不同方向对 4 个视频剪辑进行扭曲变形，组合成一个立体空间的视频画面。 （1）确定栏目主题后，收集并准备符合主题表现需要的视频、音频等媒体素材，导入 Premiere 中后，应用视频过渡效果进行序列内容编排。 （2）分别对各个视频剪辑在合成序列中的锚点属性进行修改调整，使视频剪辑在被扭曲变形时，可以分别从不同的方向开始进行伸展。 （3）编辑标题字幕并应用透视效果，为文字图像模拟出浮雕斜边效果。为其应用"基本 3D"效果并编辑旋转淡入关键帧动画，配合立体空间视频画面的表现，制作标题字幕在空间中逐渐飞入并显现的动画效果

最终完成效果如图 9-64 所示。

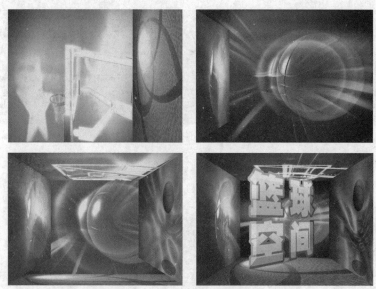

图 9-64　案例完成效果

操作步骤

1　在新建的项目中，新建一个 DV PAL 视频制式的工作序列，然后导入本实例素材目录中准备的所有素材文件。

2　在项目窗口中根据素材名称顺序，依次选择 5 个视频素材，将它们加入合成序列的视频 1 轨道中，如图 9-65 所示。

图 9-65　加入视频素材

3　在工具栏中选择"波纹编辑工具" ，在视频轨道中第一个剪辑的出点位置按住并向前拖动，将其持续时间修剪为 2 秒，同时后面的剪辑依次前移，如图 9-66 所示。

4　使用同样的方法，将第 2、3、4 个视频剪辑的持续时间都修剪为 2 秒，如图 9-67 所示。

5　在效果面板中展开"视频过渡→伸展"文件夹，选择"交叉伸展"效果并添加到后 4 个视频剪辑的开始位置，编辑出视频剪辑在影片画面中依次出现的动画效果，如图 9-68 所示。

6　从第 10 秒开始，在项目窗口中依次选择"篮球 4.avi"、"篮球 3.avi"、"篮球 2.avi"、"篮球 1.avi"并次第相隔 1 秒加入视频 2、3、4、5 轨道中，如图 9-69 所示。

7　在本实例中将分别对上面四层中的视频素材剪辑进行单边的扭曲缩放，需要先分别对上层的 4 个视频素材的锚点位置进行调整：视频 2 轨道中的"篮球 4.avi"剪辑的锚点位置调整到画面的左边缘，如图 9-70 所示。

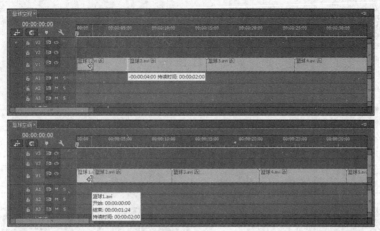

图 9-66　修剪视频剪辑的持续时间

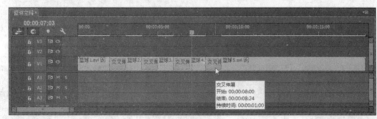

图 9-67　修剪其他视频剪辑的持续时间

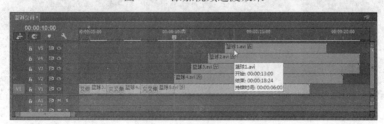

图 9-68　添加视频过渡效果

图 9-69　加入视频素材

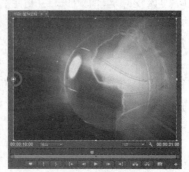

图 9-70　修改视频剪辑的锚点位置

8 在效果面板中选择"视频效果→扭曲→边角定位"效果，将其添加到视频 2 轨道中的"篮球 4.avi"剪辑上。打开效果控件面板，取消对"等比缩放"复选框的勾选，然后为该剪辑创建缩放和特效的关键帧动画，如图 9-71 所示。

		00:00:10:00	00:00:11:00	
🕰	缩放宽度	0.0%	25.0%	
🕰	右上	720.0,0.0	720.0,120.0	
🕰	右下	720.0,576.0	720.0,456.0	

图 9-71　编辑关键帧动画

9 选择视频 3 轨道中的"篮球 3.avi"，在效果控件面板中修改其锚点位置，如图 9-72 所示。

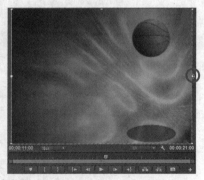

图 9-72　修改视频剪辑的锚点位置

10 为该视频剪辑添加"边角定位"效果，打开效果控件面板，取消对"等比缩放"复选框的勾选，然后为该剪辑创建缩放和特效的关键帧动画，如图 9-73 所示。

11 选择视频 4 轨道中的"篮球 2.avi"，在效果控件面板中修改其锚点位置，如图 9-74 所示。

12 为该视频剪辑添加"边角定位"效果。打开效果控件面板，取消对"等比缩放"复选框的勾选，然后为该剪辑创建缩放和特效的关键帧动画，如图 9-75 所示。

		00:00:11:00	00:00:12:00	
⏱	缩放宽度	0.0%	25.0%	
⏱	左上	0.0,0.0	0.0,120.0	
⏱	左下	0.0,576.0	0.0,456.0	

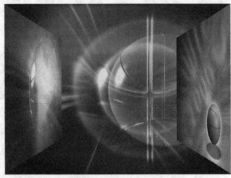

图 9-73　编辑关键帧动画

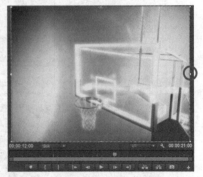

图 9-74　修改视频剪辑的锚点位置

		00:00:12:00	00:00:13:00	
⏱	缩放高度	0.0%	21.0%	
⏱	左下	0.0,576.0	180.0,576.0	
⏱	右下	720.0,576.0	540.0,576.0	

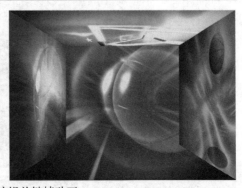

图 9-75　编辑关键帧动画

13 选择视频 5 轨道中的"篮球 1.avi",在效果控件面板中修改其锚点位置,如图 9-76 所示。

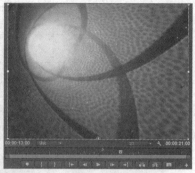

图 9-76 修改视频剪辑的锚点位置

14 为该视频剪辑添加"边角定位"效果。打开效果控件面板,取消对"等比缩放"复选框的勾选,然后为该剪辑创建缩放和特效的关键帧动画,如图 9-77 所示。

		00:00:13:00	00:00:14:00	
	缩放高度	0.0%	21.0%	
	左上	0.0,0.0	180.0,0.0	
	右上	720.0,0.0	540.0,0.0	

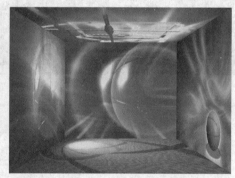

图 9-77 编辑关键帧动画

15 在时间轴窗口中,将上面 4 个视频轨道中剪辑的出点都调整到与视频 1 轨道中视频剪辑的出点对齐,如图 9-78 所示。

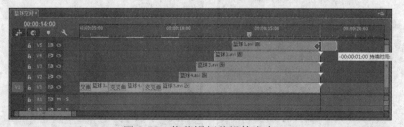

图 9-78 修剪视频剪辑的出点

16 选择视频 1 轨道中末尾的"篮球 5.avi",为其创建在第 14 秒到 16 秒,从 100%缩小到 60%的缩放动画,并将其动画的结束关键帧设置为缓入,如图 9-79 所示。

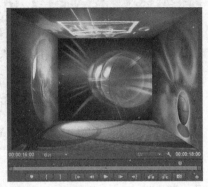

图 9-79 编辑背景视频缩小动画

17 将时间指针定位在第 15 秒的位置。执行"文件→新建→字幕"命令,打开"新建字幕"对话框,将新建的字幕素材命名为"篮球空间",然后单击"确定"按钮。

18 打开字幕设计器窗口,选择"文字工具" **T** 并输入文字"篮球空间",为其设置字体、字号、填充色、描边等效果参数,如图 9-80 所示。

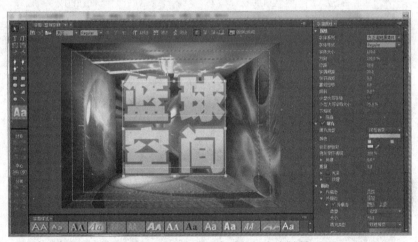

图 9-80 输入字幕文字并编辑文字效果

19 关闭字幕设计器窗口,从项目窗口中将新建的字幕素材加入视频 6 轨道中时间指针当前的位置,并修剪其出点与下层剪辑的出点对齐,如图 9-81 所示。

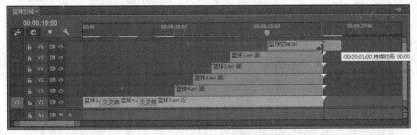

图 9-81 加入字幕素材

20 打开效果面板,选取"视频效果→透视→斜角边"特效并添加到时间轴窗口中的字幕剪辑上,保持默认的参数选项,为字幕图像应用立体浮雕效果,如图 9-82 所示。

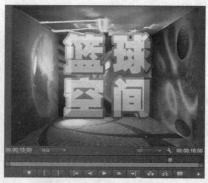

图 9-82　添加视频效果

21 在效果面板中选择"视频效果→透视→基本 3D"特效并添加到字幕剪辑上，在效果控件面板中为其编辑在立体空间中旋转 2 周并缩小淡入的动画，并将缩放/旋转动画的结束关键帧设置为缓入效果，如图 9-83 所示。

		00:00:15:00	00:00:16:00	00:00:17:00
	缩放	200.0%		100.0%
	不透明度	0.0	100.0	
	旋转	0.0°		2x0.0°

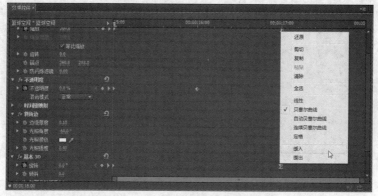

图 9-83　编辑关键帧动画

22 从项目窗口中将"music.mp3"素材加入音频 1 轨道中的开始位置，将"音效.wav"加入音频 2 轨道中第 15 秒的位置开始，然后修剪其出点与视频轨道中剪辑的出点对齐，如图 9-84 所示。

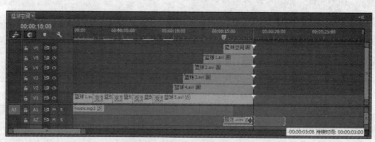

图 9-84　加入音频素材

    23 打开效果面板并选择"音频效果→交叉淡化→恒定功率"效果，将其添加到"音效.wav"剪辑的末尾，为其编辑音量淡出效果。

    24 编辑好影片效果后，按"Ctrl+S"键执行保存。执行"文件→导出→媒体"命令，在打开的"导出设置"对话框中设置合适的参数，输出影片文件，如图 9-85 所示。

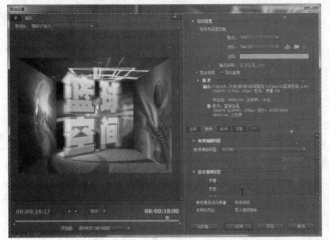

图 9-85　输出影片